数学物理方程现代数值方法

李　剑　白云霄　赵　昕　主编

科 学 出 版 社

北　京

内 容 简 介

本书主要内容包括偏微分方程基础知识、Sobolev 空间基本知识、Galerkin方法、有限元方法及其误差估计、泊松问题的其他数值方法、不可压缩 Navier-Stokes 问题有限元应用、修正的特征有限元方法和随机不可压缩流问题全离散有限元方法. 有些章末附有课后练习，是对书中重点内容的升华和延伸. 本书既有经典数值方法和理论，又有计算方法的新进展；不仅有算法的描述，同时还有算法的实现，可以满足各种读者不同的需要.

本书可作为高年级数学、计算机、通信工程专业等理工类本科生及研究生的教学用书，也可供相关专业的教师和研究人员参考.

图书在版编目(CIP)数据

数学物理方程现代数值方法/李剑，白云霄，赵昕主编. —北京：科学出版社，2023.3

ISBN 978-7-03-074940-6

Ⅰ. ①数… Ⅱ. ①李… ②白… ③赵… Ⅲ. ①数学物理方程 Ⅳ. ①O175.24

中国国家版本馆 CIP 数据核字(2023)第 032645 号

责任编辑：李 欣 范培培／责任校对：彭珍珍
责任印制：吴兆东／封面设计：无极书装

科学出版社出版
北京东黄城根北街 16 号
邮政编码：100717
http://www.sciencep.com
北京中石油彩色印刷有限责任公司印刷
科学出版社发行 各地新华书店经销
*
2023 年 3 月第 一 版 开本：720×1000 1/16
2024 年 1 月第二次印刷 印张：6 3/4
字数：150 000

定价：68.00 元

(如有印装质量问题，我社负责调换)

参编人员

李书选　曹陆玲　张君丽　高嘉伟
舒　玉　王晓妮　张　蕊　张　文
刘　倩　高欣悦

前　言

偏微分方程是以建立数学模型、进行理论分析和解释客观现象并进而解决实际问题为内容的一门数学专业课程. 它是现代数学的一个重要分支, 在许多应用学科特别是在物理学、流体力学、灾害预测、人工智能、金融风险管理和期权定价等学科中有重要的应用. 由于偏微分方程的理论研究非常复杂, 数值计算成为研究偏微分方程的一种有效方法. 本书主要从偏微分方程的分类、Sobolev 空间、Galerkin 方法、有限元方法、数值方法应用、部分程序等方面从宏观的角度来进行介绍, 希望能够对计算数学有兴趣的初学者起到抛砖引玉的作用.

鉴于大部分研究生在本科阶段没有相应的微分方程基础, 对于初学者, 理解比较困难, 我们力求简单易懂, 让初学者可以快速入门. 本书第一作者自 2016 年开始便在青年教师和研究生中试讲本书. 按照教学相长的原则, 经过六年半的使用与不断更新形成目前的版本.

本书的主要内容如下. 第 1 章: 偏微分方程基础知识; 第 2 章: Sobolev 空间基本知识; 第 3 章: Galerkin 方法; 第 4 章: 有限元方法及其误差估计; 第 5 章: 泊松问题的其他数值方法; 第 6 章: 不可压缩 Navier-Stokes 问题有限元应用; 第 7 章: 修正的特征有限元方法; 第 8 章: 随机不可压缩流问题全离散有限元方法. 博士和硕士研究生王晓妮、曹陆玲、舒玉、高嘉伟、张蕊、张文和刘倩在此过程中参与了本书的整理工作. 在此感谢李书选博士在使用本书授课中提出的宝贵意见.

本书得到国家自然科学基金 (No: 11771259)、陕西省人工智能重点联合实验平台项目 (No: 2022JC-SYS-05)、陕西省自然科学基础研究计划重点项目 (No: 2023-JC-ZD-02) 和陕西高校青年创新团队项目 (No: 21JP013) 的支持, 再次表示诚挚的感谢!

李　剑

2023 年 1 月

目　　录

主要符号表

$\mathbb{C}^n$	表示 n 维复向量空间
R	实数集合
IR^d	d 维欧氏空间
∇u	函数 u 的梯度
$\mathrm{div} u$	向量函数 u 的散度
ν	黏滞系数
Re	雷诺数
Ω	求解区域
$\partial\Omega$	区域 Ω 的边界
$\\|u\\|_i$	标量或向量 u 的 H^i 范数
X	Hilbert 空间 $\left(H_0^1(\Omega)\right)^2$
Y	$\left(L^2(\Omega)\right)^2$
M	$\left\{q \in L^2(\Omega) : \int_\Omega q\ dx = 0\right\}$
V	$\{v \in X : \mathrm{div}\ v = 0\}$
H	$\left\{v \in L^2(\Omega)^2 :\ \mathrm{div}\ v = 0,\ v \cdot n\vert_{\partial\Omega} = 0\right\}$
$X \times M$	两个空间 X 和 M 的乘积空间
τ_h	有限元网格剖分
T_h	有限元网格 τ_h 的对偶剖分
X_h	速度有限元子空间
X_h^*	X_h 的对偶空间
M_h	压力有限元子空间
V_h	速度无散度有限元子空间
$X_h \times M_h$	两个空间 X_h 和 M_h 的乘积空间
I_h	从 Hilbert 空间 X 到速度有限元子空间 X_h 的逼近算子
J_h	从 Hilbert 空间 M 到压力有限元子空间 M_h 的逼近算子
Γ_h	从有限元空间 X 到对偶空间 X_h^* 的投影算子
Π_h	从局部速度空间 $H^1(K_j)^2$ 到非协调有限元空间 NCP_1 的投影算子
$\square$	证明结束符号

第 1 章　偏微分方程基础知识

1.1　基 本 概 念

本章我们简要地给出偏微分方程的相关概念 [1-5]、分类和多变元的微积分 Gateaux 和 Frechet 导数.

• **微分方程**是由未知函数及其导数经初等函数运算构成的函数方程.

• 未知函数为一元函数的微分方程称为常微分方程, 简称 **ODE**.

• 未知函数为多元函数的微分方程称为偏微分方程, 简称 **PDE**.

• 方程中出现的未知函数最高阶导数的阶数称为微分方程的**阶数**.

• 如果微分方程关于未知函数及其导数都是一次的, 则称该方程为**线性**的, 否则称为**非线性**的.

• 对线性方程, 如果所有非零项都含有未知函数或其导数, 则称该方程为**齐次**的, 否则称为**非齐次**的.

• 对非线性方程, 若关于最高阶导数是一次的, 则称该方程为**拟线性**的, 进一步若其系数仅依赖于自变量, 则称为**半线性**的.

• 关于未知函数在某个初始时刻的具体条件称为**初始条件**.

• 关于未知函数在某个区域边界的具体条件称为**边界条件** (第一类边界条件又称 **Dirichlet 条件**: 给出未知函数在边界上的数值; 第二类边界条件又称 **Neumann 条件**: 给出未知函数在边界外法线的方向导数; 第三类边界条件又称 **Robin 条件**: 给出未知函数在边界上的函数值和外法线的方向导数的线性组合).

• **Laplace 算子** $\Delta = \sum_{i=1}^{n}\left(\frac{\partial^2}{\partial x_i^2}\right)$.

关于未知函数 $u = u(x_1, \cdots, x_m)\,(m \geqslant 2)$ 的偏微分方程是指如下形式的方程:

$$F(x, u, u_{x_1}, \cdots, u_{x_m}, u_{x_1x_1}, u_{x_1x_2}, \cdots) = 0,$$

这里 F 是 x, u 以及 u 的有限个偏导数的已知函数. 如果将 $u(x)$ 代入方程后, 这个方程在 Ω 上成为恒等式, 则称定义于 Ω 上的函数 $u = u(x)$ 是方程在 Ω 上的**解**.

例 1.1　二阶线性

$$-\Delta u = f.$$

一阶拟线性

$$\frac{\partial u}{\partial t}+u\frac{\partial u}{\partial x_1}=0.$$

二阶非线性

$$\left(\frac{\partial^2 u}{\partial x_1^2}\right)^2+\left(\frac{\partial^2 u}{\partial x_2^2}\right)^2=f.$$

1.2　偏微分方程的分类

关于偏微分方程的分类[6], 我们主要讨论以下三个二阶偏微分方程:

波动方程

$$\frac{\partial^2 u}{\partial t^2}-a^2\Delta u=f. \tag{1-1}$$

热传导方程

$$\frac{\partial u}{\partial t}-a^2\Delta u=f. \tag{1-2}$$

位势方程

$$-\Delta u=f. \tag{1-3}$$

这里 a^2 是常数.

在 m 维空间中, 二阶线性方程的一般形式为

$$\sum_{i,j=1}^{m}a_{i,j}\frac{\partial^2 u}{\partial x_i\partial x_j}+\sum_{i=1}^{m}b_i\frac{\partial u}{\partial x_i}+cu=f, \tag{1-4}$$

这里 $a_{i,j},b_i,c,f$ 都是 x 的函数. 因此上面提到的这三个方程只是它的特例, 自变量 t 可看作 x 的任一分量. 我们以 A 表示矩阵 $(a_{i,j}),i,j=1,2,\cdots,m$.

对于波动方程 (双曲方程), 取 $m=n+1,t=x_{n+1}$, 则

$$A=\begin{bmatrix}-a^2 & & 0 & \\ & \ddots & & \\ 0 & & -a^2 & \\ & & & 1\end{bmatrix}.$$

对于热传导方程 (抛物方程), 取 $m=n+1,t=x_{n+1}$, 则

$$A = \begin{bmatrix} -a^2 & & & 0 \\ & \ddots & & \\ 0 & & -a^2 & \\ & & & 0 \end{bmatrix}.$$

对于位势方程 (椭圆方程), 取 $m = n$, 则

$$A = \begin{bmatrix} -1 & & 0 \\ & \ddots & \\ 0 & & -1 \end{bmatrix}.$$

从矩阵 A 的特征值的性质来区别方程 (1-1)—(1-3): 对于波动方程, 系数矩阵 A 除了有一个特征值是正 (负) 的, 其他全是负 (正) 的, 即 A 是不定的; 对于热传导方程, 系数矩阵 A 除了有一个特征值为 0, 其他全是正 (负) 的, 即 A 是非负 (非正) 定的; 对于位势方程, 系数矩阵 A 的全部特征值为正 (负) 的, 即 A 是正定 (负定) 的.

对一般二阶方程 (2.4), 设 $x^0 = (x_1^0, \cdots, x_m^0)$ 表示 R^m 中的一个点, $A(x_0)$ 表示在 x_0 点的系数矩阵.

偏微分方程分类的定义 若 $A(x_0)$ 的 m 个特征值全是正 (或负) 的, 称方程 (1-4) 在 x_0 点是椭圆型的. 若 $A(x_0)$ 的特征值除了有一个为 0, 其他 $m-1$ 个全是正 (或负) 的, 称方程 (1-4) 在 x_0 点是抛物型的. 若 $A(x_0)$ 的特征值除了有一个为负 (或正), 其他 $m-1$ 个全是正 (或负) 的, 称方程 (1-4) 在 x_0 点是双曲型的.

由上定义可知, 方程 (1-1)—(1-3) 分别为双曲型方程、抛物型方程和椭圆型方程.

1.3 多变元微积分

本节主要讨论多变元微积分: Gateaux 导数和 Frechet 导数[7-11].

1.3.1 Gateaux 导数

考虑更一般的映射 (算子)

$$f : D \to W, \quad D \subseteq R^n, \quad W \subseteq R^m.$$

不强调它的定义域和值域时, 把它表示成

$$f : R^n \to R^m.$$

设 $x=[x_1,\cdots,x_n]^{\mathrm{T}}\in R^n$. 由于 $f(x)\in R^m$, 因此 $f(x)$ 可以表示成

$$f(x)=\begin{bmatrix} f_1(x)\\ \vdots \\ f_m(x)\end{bmatrix}=\begin{bmatrix} f_1(x_1,\cdots,x_n)\\ \vdots \\ f_m(x_1,\cdots,x_n)\end{bmatrix},$$

此处 $f_i(x)=f_i(x_1,\cdots,x_n)\in R$, $i=1,\cdots,m$. 在一元函数的微分学中, 我们知道, 设

$$f:R\to R,$$

则 $f(x)$ 在点 x 的导数 $f'(x)$ 定义为

$$f'(x)=\lim_{t\to 0}\frac{f(x+t)-f(x)}{t}.$$

现在把这个概念推广到映射 $f:R^n\to R^m$, R 为赋范空间.

定义 1.1 对给定的 $x,\eta\in R^n$, 若极限

$$\lim_{t\to 0}\frac{f(x+t\eta)-f(x)}{t} \tag{1-5}$$

存在, 则说 f 在 x 沿 η 方向 **Gateaux 可微**, 并将 (1-5) 记作 $Df(x)(\eta)$, 即

$$Df(x)(\eta)=\lim_{t\to 0}\frac{f(x+t\eta)-f(x)}{t},\quad Df(x)(\eta)\in R^m.$$

上式亦即

$$\lim_{t\to 0}\left\|\frac{f(x+t\eta)-f(x)}{t}-Df(x)(\eta)\right\|=0,$$

$Df(x)(\eta)$ 称为 f 在 x 沿 η 方向的 **Gateaux 导数**. 若 f 在 x 沿任何方向都是 Gateaux 可微的, 则说 f 在 x 是 Gateaux 可微的, 算子 (映射)

$$Df(x):R^n\to R^{m\times n}$$

称为 f 在 x 的 **Gateaux 导数**.

例 1.2 设 $f:R^n\to R, e_i\in R^n$ 是单位坐标向量, 则

$$x=[x_1,\cdots,x_n]^{\mathrm{T}}=x_1e_1+\cdots+x_ne_n,$$

$$\begin{aligned}x+te_i&=x_1e_1+\cdots+(x_i+t)e_i+\cdots+x_ne_n\\&=[x_1,\cdots,x_{i-1},x_i+t,x_{i+1},\cdots,x_n]^{\mathrm{T}}.\end{aligned}$$

于是

$$Df(x)(e_i)=\lim_{t\to 0}\frac{f(x+te_i)-f(x)}{t}$$
$$=\lim_{t\to 0}\frac{f(x_1,\cdots,x_i+t,\cdots,x_n)-f(x_1,\cdots,x_n)}{t},$$

即

$$Df(x)(e_i)=\frac{\partial f(x)}{\partial x_i}.$$

就是说 f 在 x 对 x_i 的偏导数是 f 在 x 沿方向 e_i 的 Gateaux 导数.

例 1.3 设 $f:R^2\to R$ 定义为

$$f(x)=\begin{cases}\dfrac{x_1x_2}{x_1^2+x_2^2}, & x=[x_1,x_2]^{\mathrm T}\neq\mathbf{0},\\ 0, & x=[0,0]^{\mathrm T}=\mathbf{0},\end{cases}$$

则

$$Df(\mathbf{0})(\eta)=\lim_{t\to 0}\frac{1}{t}[f(\mathbf{0}+t\eta)-f(\mathbf{0})]$$
$$=\lim_{t\to 0}\frac{1}{t}f(t\eta)$$
$$=\lim_{t\to 0}\frac{1}{t}\frac{\eta_1\eta_2}{\eta_1^2+\eta_2^2},\qquad \eta=[\eta_1,\eta_2]^{\mathrm T}.$$

因此 $Df(\mathbf{0})(\eta)$ 存在的充分必要条件为 $\eta=[0,\eta_2]^{\mathrm T}$ 或 $\eta=[\eta_1,0]^{\mathrm T}$, 但 $\left.\dfrac{\partial f(x)}{\partial x_i}\right|_{x=\mathbf{0}}=0$, $i=1,2$, f 在 $x=\mathbf{0}$ 的偏导数都存在.

例 1.4 设 $f:R^2\to R$ 定义为

$$f(x)=\begin{cases}\dfrac{x_1x_2^2}{x_1^2+x_2^2}, & x=[x_1,x_2]^{\mathrm T}\neq\mathbf{0},\\ 0, & x=[0,0]^{\mathrm T}=\mathbf{0},\end{cases}$$

则

$$Df(\mathbf{0})(\eta)=\frac{\eta_1\eta_2^2}{\eta_1^2+\eta_2^2},\quad \eta=[\eta_1,\eta_2]^{\mathrm T}.$$

因此

$$Df(\mathbf{0})(\xi+\eta)\neq Df(\mathbf{0})(\xi)+Df(\mathbf{0})(\eta),$$

即算子 $Df(\mathbf{0})$ 不具可加性. 这个例子说明在一点的 Gateaux 导数未必是线性算子. 但我们有下面定理.

定理 1.1 映射 $f: R^n \to R^m$ 在 x 的 Gateaux 导数 $Df(x)$ 是齐次算子, 即

$$Df(x)(a\eta) = aDf(x)(\eta), \quad \forall a \in R. \tag{1-6}$$

证明 若 $a=0$, 据定义 1.1, (1-6) 式显然成立; 若 $a \neq 0$, 则在 (1-5) 式中用 at 代替 t, 便有

$$Df(x)(\eta) = \lim_{t\to 0}\left[\frac{f(x+ta\eta)-f(x)}{ta}\right] = \frac{1}{a}Df(x)(a\eta).$$

因此 (1-6) 式亦成立. □

例 1.5 设 $f: R^2 \to R$ 定义为

$$f(x) = \begin{cases} \dfrac{x_1^2}{x_2}, & x_2 \neq 0, \\ 0, & x_2 = 0, \end{cases}$$

则 $Df(\mathbf{0})(\eta) = \dfrac{\eta_1^2}{\eta_2}$. f 在 $x=\mathbf{0}$ 不连续.

1.3.2 Frechet 导数

设 $f: R^n \to R$, f 在 $x \in R$ 的导数为 $f'(x)$, 则有

$$\lim_{\Delta x\to 0}\frac{f(x+\Delta x)-f(x)-f'(x)\Delta x}{\Delta x} = 0.$$

把它推广到映射 $f: R^n \to R^m$ 的情形.

定义 1.2 设 $f: R^n \to R^m$, R^n 和 R^m 都是赋范空间. 若存在线性算子 $f'(x): R^n \to R^m$, 使得

$$\lim_{\|\Delta x\|\to 0}\frac{\|f(x+\Delta x)-f(x)-f'(x)\Delta x\|}{\|\Delta x\|} = 0, \quad \Delta x, x \in R^n, \tag{1-7}$$

则称 $f'(x)$ 为映射 f 在 x 的 **Frechet 导数**, 且说 f 在 x 是 **Frechet 可微**的. 算子

$$f': R^n \to L_1[R^n, R^m]$$

称为 f 的 Frechet 导数, 它对于 $x \in R^n$, 确定了 $f'(x) \in L_1[R^n, R^m]$, 这里 $L_1[R^n, R^m]$ 是由 R^n 到 R^m 的一切线性算子构成的赋范线性空间.

在 R^n, R^m 空间中, 取定基底后, $L_1[R^n, R^m]$ 的元素可用 $m \times n$ 矩阵, 例如 $A = [a_{ij}]_{m\times n}$ 来表示. 在 $L_1[R^n, R^m]$ 中引进矩阵范数, 如

$$\|A\| = \max_{\|x\|_\alpha = 1} \|Ax\|_\beta,$$

其中 $\|.\|_\alpha$ 和 $\|.\|_\beta$ 分别为 R^n 和 R^m 中的范数, 则 $L_1[R^n, R^m]$ 便是赋范空间.

附 对于矩阵 $A \in C^{m\times n}$, 则列和范数 $\|A\|_1$、谱范数 $\|A\|_2$、行和范数 $\|A\|_\infty$ 分别为[12]

(1) $\|A\|_1 = \max\limits_j \left(\sum\limits_{i=1}^m |a_{ij}|\right), \quad j = 1, 2, \cdots, n,$

(2) $\|A\|_2 = \max\limits_j (\lambda_j(A^{\mathrm{H}}A))^{\frac{1}{2}},$

(3) $\|A\|_\infty = \max\limits_i \left(\sum\limits_{j=1}^m |a_{ij}|\right), \quad i = 1, 2, \cdots, m,$

其中 $\lambda_j(A^{\mathrm{H}}A)$ 表示矩阵 $A^{\mathrm{H}}A$ 的第 j 个特征值.

下面建立 Frechet 导数和 Gateaux 导数之间的关系.

定理 1.2 假设 $f: R^n \to R^m$ 在 x 为 Frechet 可微, 则 f 在 x 必为 Gateaux 可微, 且 $Df(x) = f'(x)$.

证明 设 $f'(x)$ 存在, 在 (1-7) 中以 $t\Delta x$ 代替 $\Delta x, t \in R$, 则有

$$\lim_{\|t\Delta x\|\to 0} \frac{\|f(x+t\Delta x) - f(x) - f'(x)(t\Delta x)\|}{\|t\Delta x\|} = 0, \quad \Delta x, x \in R^n,$$

即有

$$\lim_{t\to 0} \frac{\left\|\dfrac{f(x+t\Delta x) - f(x)}{t} - f'(x)(\Delta x)\right\|}{\|\Delta x\|} = 0, \quad \Delta x, x \in R^n,$$

从而

$$\lim_{t\to 0} \left\|\frac{f(x+t\Delta x) - f(x)}{t} - f'(x)(\Delta x)\right\| = 0, \quad \Delta x, x \in R^n. \tag{1-8}$$

□

现在来讨论 Frechet 导数 $f'(x)$ 的矩阵表示形式.

设 R^n, R^m 都取自然基, $f: R^n \to R^m$ 在 $x \in R^n$ 为 Frechet 可微. 于是线性算子 $f': R^n \to R^m$ 可以用一个 $m \times n$ 矩阵表示. 记

$$f' = \begin{bmatrix} a_{11} & a_{12} & \cdots & a_{1n} \\ a_{21} & a_{22} & \cdots & a_{2n} \\ \vdots & \vdots & & \vdots \\ a_{m1} & a_{m2} & \cdots & a_{mn} \end{bmatrix} = A,$$

据 (1-8) 式有

$$\lim_{t \to 0} \left\| \frac{f(x + te_j) - f(x)}{t} - Ae_j \right\| = 0. \tag{1-9}$$

由于

$$Ae_j = a_j = \begin{bmatrix} a_{1j} \\ \vdots \\ a_{mj} \end{bmatrix},$$

将它代入 (1-9) 式, 则有

$$\lim_{t \to 0} \left[\frac{f_i(x + te_j) - f_i(x)}{t} - a_{ij} \right] = 0, \quad i = 1, \cdots, m,$$

即

$$\frac{\partial f_i(x)}{\partial x_j} = a_{ij},$$

故

$$f'(x) = Df(x) = \begin{bmatrix} \dfrac{\partial f_1(x)}{\partial x_1} & \dfrac{\partial f_1(x)}{\partial x_2} & \cdots & \dfrac{\partial f_1(x)}{\partial x_n} \\ \dfrac{\partial f_2(x)}{\partial x_1} & \dfrac{\partial f_2(x)}{\partial x_2} & \cdots & \dfrac{\partial f_2(x)}{\partial x_n} \\ \vdots & \vdots & & \vdots \\ \dfrac{\partial f_m(x)}{\partial x_1} & \dfrac{\partial f_m(x)}{\partial x_2} & \cdots & \dfrac{\partial f_m(x)}{\partial x_n} \end{bmatrix}.$$

上式右端是 **Jacobi 矩阵**. 特别, 若 $f: R^n \to R$ 在 $x \in R^n$ 为 Frechet 可微, 则

$$f'(x) = \left[\frac{\partial f_1(x)}{\partial x_1}, \frac{\partial f_1(x)}{\partial x_2}, \cdots, \frac{\partial f_1(x)}{\partial x_n} \right] = [\mathrm{grad} f(x)]^{\mathrm{T}},$$

这里 $\mathrm{grad} f(x)$ 是 f 的梯度.

若 $f: R \to R^n$ 在 $x \in R$ 为 Frechet 可微, 且记

$$f(t) = \begin{bmatrix} f_1(t) \\ \vdots \\ f_n(t) \end{bmatrix},$$

则

$$f'(t) = \begin{bmatrix} \dfrac{df_1(t)}{dt} \\ \vdots \\ \dfrac{df_n(t)}{dt} \end{bmatrix} = \lim_{\Delta t \to 0} \frac{f(t+\Delta t) - f(t)}{\Delta t}. \tag{1-10}$$

反之, 若 (1-10) 式右端极限存在, 则 f 在 t 为 Frechet 可微.

定理 1.3 设 $f: R^n \to R$ 在 $x \in R^n$ 为 Frechet 可微, 则 f 在 x 连续, 即

$$\lim_{\|\Delta x\| \to 0} \|f(x+\Delta x) - f(x)\| = 0.$$

证明 设 f 在 x 处 Frechet 可微, 据 (1-7) 式, 对任给的 $\varepsilon > 0$, 存在 $\delta > 0$, 使得 $\forall \Delta x \in R^n$, 当 $\|\Delta x\| < \delta$ 时, 恒有

$$\|f(x+\Delta x) - f(x) - f'(x)\Delta x\| \leqslant \varepsilon \|\Delta x\|.$$

从而

$$\begin{aligned} &\|f(x+\Delta x) - f(x)\| - \|f'(x)\| \, \|\Delta x\| \\ \leqslant &\|f(x+\Delta x) - f(x)\| - \|f'(x)\Delta x\| \\ \leqslant &\|f(x+\Delta x) - f(x) - f'(x)\Delta x\| \leqslant \varepsilon \|\Delta x\|, \end{aligned}$$

因此

$$\|f(x+\Delta x) - f(x)\| \leqslant (\varepsilon + \|f'(x)\|) \|\Delta x\|.$$

由此可知, f 在 x 连续. □

1.4 练　　习

1. 对下列微分方程根据其阶数及是否线性进行分类.

(a) $\left[1 + \left(\dfrac{\partial u}{\partial x_1}\right)^2\right] \dfrac{\partial^2 u}{\partial x_2^2} - 2\dfrac{\partial u}{\partial x_1}\dfrac{\partial u}{\partial x_2}\dfrac{\partial^2 u}{\partial x_1 \partial x_2} + \left[1 + \left(\dfrac{\partial u}{\partial x_2}\right)^2\right] \dfrac{\partial^2 u}{\partial x_1^2} = 0;$

(b) $\rho\dfrac{\partial^2 u}{\partial t^2}+K\dfrac{\partial^4 u}{\partial x_1^4}=f$;

(c) $\left(\dfrac{\partial u}{\partial x_1}\right)^2+\left(\dfrac{\partial u}{\partial x_2}\right)^2=f$;

(d) $\dfrac{\partial u}{\partial t}-\dfrac{\partial^2 u}{\partial x^2}=u+1$;

(e) $\dfrac{\partial u}{\partial t}+\dfrac{\partial^3 u}{\partial x^3}+u\dfrac{\partial u}{\partial x}=0$.

(a) 二阶拟线性; (b) 四阶线性; (c) 一阶非线性; (d) 二阶线性; (e) 三阶非线性.

2. 试说明拟线性、半线性和非线性的区别.

提示 如果微分方程关于未知函数及其导数都是一次的, 则称该方程为线性的, 否则称为非线性的. 对非线性方程, 若关于最高阶导数是一次的, 则称该方程为拟线性的, 进一步若其系数仅依赖于自变量, 则称为半线性的.

3. G 可微与 F 可微及连续之间的关系.

提示 设 $f: R^n \to R^m$ 在 $x \in R^n$ 为 Frechet 可微, 则 f 在 x 处必为 Gateaux 可微, 且 $Df(x)=f'(x)$;

设 $f: R^n \to R$ 在 $x \in R^n$ 为 Frechet 可微, 则 f 在 x 处连续.

参考文献

[1] 王高雄, 周之铭, 朱思铭, 等. 常微分方程 [M]. 3 版. 北京: 高等教育出版社, 2006.
[2] 王明新. 数学物理方程 [M]. 2 版. 北京: 清华大学出版社, 2009.
[3] Quarteroni A. Numerical Models for Differential Problems[M]. Milan: Springer-Verlag, 2009.
[4] 谷超豪, 李大潜, 陈恕行, 等. 数学物理方程 [M]. 2 版. 北京: 高等教育出版社, 2002.
[5] 季孝达, 薛兴恒, 陆英, 等. 数学物理方程 [M]. 2 版. 北京: 科学出版社, 2009.
[6] 姜礼尚, 陈亚浙. 数学物理方程讲义 [M]. 3 版. 北京: 高等教育出版社, 2007.
[7] Behmardi D, Nayeri E D. Introduction of Frechet and Gateaux derivative [J]. Applied Mathematical Sciences, 2008, 2(20): 975-980.
[8] Deville R, Hajek P. On the range of the derivative of Gateaux-smooth functions on separable Banach spaces [J]. Israel. J. Math., 2005, 145: 257-269.
[9] Fabian M, Habala P, Hajek P, et al. Functional Analysis and Infinite-Dimensional Geometry[M]. New York: Springer-Verlag, 2001.
[10] 钟承奎, 范先令, 陈文塬. 非线性泛函分析引论 [M]. 兰州: 兰州大学出版社, 2004.
[11] 郭大钧. 非线性泛函分析 [M]. 3 版. 北京: 高等教育出版社, 2015.
[12] 方保镕, 周继东, 李医民. 矩阵论 [M]. 2 版. 北京: 清华大学出版社, 2013.

第 2 章　Sobolev 空间基本知识

Sobolev 空间在微分方程、数学、物理学和力学等近代理论中被广泛应用, 本章主要介绍 Sobolev 空间相关的基础知识.

2.1　空间 $C^k(\Omega)$ 和 $C_0^k(\Omega)$

设 $\Omega \subset R^n$ 为一开集, k 为非负整数或者 ∞.

定义 2.1[1]　定义 $C^k(\Omega)=\{u|u$ 的直到 k 阶偏导数在 Ω 内连续$\}$, $C^k(\bar{\Omega}) = \{u|u$ 的直到 k 阶偏导数在 $\bar{\Omega}$ 内连续$\}$, 记 $C^0(\Omega) = C(\Omega)$, $C^0(\bar{\Omega}) = C(\bar{\Omega})$.

设 $\alpha = (\alpha_1, \alpha_2, \cdots, \alpha_n)$ 为多重指标, $x \in R^n$. 记 $|\alpha| = \alpha_1 + \alpha_2 + \cdots + \alpha_n$, $x^\alpha = x_1^{\alpha_1} x_2^{\alpha_2} \cdots x_n^{\alpha_n}$. 在 $C^k(\bar{\Omega})$ 中引入范数 $\|u\|_{k,\Omega} = \sum\limits_{|\alpha| \leqslant k} \sup\limits_{\Omega} \|D^\alpha u\|$, 则易证 $C^k(\bar{\Omega})$ 赋以范数 $\|\cdot\|_{k,\Omega}$ 是一完备的线性赋范空间 (Banach 空间).

定义 2.2[2]　设 Ω 是 R^n 中的区域, $u(x)$ 为定义在 Ω 上的连续函数, 定义其支集为 $\mathrm{supp}\, u = \{x \in \Omega:\ u(x) \neq 0\}$. 若 $\overline{\mathrm{supp}\, u} \subset \Omega$ 是紧集, 记作 $\mathrm{supp}\, u \subset\subset \Omega$, 则称函数 u 在 Ω 中有紧支集. 因此, 当 Ω 为有界集, 函数 u 在 Ω 中具有紧支集时, 意味着 u 在 Ω 的边界 $\partial\Omega$ 的邻域内为 0.

定义 2.3[1]　定义 $C_0^k(\Omega) = \{u \in C^k(\Omega) | \mathrm{supp}\, u$ 有界且 $\mathrm{supp}\, u \subset\subset \Omega\}$.

注释 2.1　(1) $C^k(\bar{\Omega})$ 的等价定义为 $C^k(\Omega)$ 中直到 k 阶偏导数在 Ω 上有界且一致连续的函数全体;

(2) 如果 u 满足性质: $\mathrm{supp}\, u$ 有界且 $\mathrm{supp}\, u \subset\subset \Omega$, 则称函数 u 在 Ω 内具有紧支集. 因此, $C_0^k(\Omega)$ 是在 Ω 内具有紧支集的 $C^k(\Omega)$ 函数的全体.

(3) $C_0^k(\Omega)$ 的等价定义为在边界 $\partial\Omega$ 附近恒为零的 $C^k(\Omega)$ 函数的全体, 而且 $C_0^k(\Omega)$ 中的函数可以延拓为 $C^k(\bar{\Omega})$ 中的函数.

定义 2.4　令区域 $\Omega \subset R^n$, 用 $D(\Omega)$ 或者 $C_0^\infty(\Omega)$ 表示在 Ω 中具有紧支集的无穷次可微函数 (C^∞ 函数) 的集合, 记作: $C_0^\infty(\Omega) = \{u \in C^\infty(\Omega) | \mathrm{supp}\, u$ 有界且 $\mathrm{supp}\, u \subset\subset \Omega\}$, 且对 $\forall u \in C_0^\infty(\Omega)$, 有 $u|_{\partial\Omega} = 0$.

$C_0^\infty(\Omega)$ 空间的特点: ① 在 $L^2(\Omega)$ 中稠密; ② 充分光滑; ③ 各阶导函数在边界点的某邻域上为 0.

2.2 L^p 空间

设区域 $\Omega \subset R^n$ 是勒贝格 (Lebesgue) 非空可测集, f 是 Ω 上的实值 Lebesgue 可测函数, 记 $\int_\Omega f(x)dx$ 为 Lebesgue 积分[3].

2.2.1 L^p 空间的定义[5]

$$L^p(\Omega) = \{v \| \|v\|_{L^p} < \infty\}, \quad 1 \leqslant p \leqslant \infty,$$

其中, $\|v\|_{L^p}$ 的定义如下

$$\|v\|_{L^p} = \begin{cases} \left(\int_\Omega |v(x)^p|\, dx\right)^{\frac{1}{p}}, & 1 \leqslant p < \infty, \\ a = \operatorname*{ess\,sup}_{x\in\Omega} |v(x)|, & p = \infty. \end{cases}$$

当 $p=\infty$ 时, a 称为本质上确界, 即若 $v(x)\leqslant a$ 几乎处处成立, 或者 $\{x : v(x)>a\}$ 为零测集.

注释 2.2　几乎处处是指仅在零测集上不成立的性质.

(1) 当 $1 \leqslant p \leqslant \infty$ 时, L^p 空间是 Banach 空间 (完备的线性赋范空间).

(2) 对于 $1 \leqslant p < \infty$, $C_0^\infty(\Omega)$ 在 $L^p(\Omega)$ 中稠密.

(3) 若 $1 \leqslant p, q \leqslant \infty$, 则有

(i) Minkowski 不等式: 对于任意的 $u, v \in L^p(\Omega)$, $\|u + v\|_{L^p} \leqslant \|u\|_{L^p} + \|v\|_{L^p}$.

(ii) Hölder 不等式: 如果 $1 = \frac{1}{p} + \frac{1}{q}$, $u \in L^p(\Omega)$, $v \in L^q(\Omega)$, 则 $u \cdot v \in L^1(\Omega)$, 且

$$\|u \cdot v\|_{L^1(\Omega)} \leqslant \|u\|_{L^p(\Omega)} \cdot \|v\|_{L^q(\Omega)}.$$

(iii) Schwarz 不等式: 当 $p = q = 2$ 时, Hölder 不等式变为

$$\|u \cdot v\|_{L^1(\Omega)} \leqslant \|u\|_{L^2(\Omega)} \cdot \|v\|_{L^2(\Omega)}.$$

(4) 特别地, 当 $p = 2$ 时, $L^2(\Omega) = \left\{ v \middle| \left(\int_\Omega |v|^2 dx\right)^{\frac{1}{2}} < \infty \right\}$ 即为所有平方可积函数的集合. 若 Ω 是 R^n 内的可测集, v 在 Ω 上可测且 $|v|^2$ 在 Ω 上 Lebesgue 可积, 则称 v 在 Ω 上是平方可积的.

注释 2.3　(1) $L^2(\Omega)$ 是线性空间, 其中零元素是 Ω 上几乎处处为 0 的函数.

(2) Cauchy 不等式: 若 $u, v \in L^2(\Omega)$, 则有

$$\left(\int_\Omega uv dx\right)^2 \leqslant \int_\Omega |u|^2 dx \int_\Omega |v|^2 dx.$$

(3) 范数: 对于任意的 $v \in L^2(\Omega)$, 定义 $\|v\|_{L^2} \equiv \|v\|_0 = \left(\int_\Omega |v|^2 dx\right)^{\frac{1}{2}} = \sqrt{(v,v)}$ 为 $L^2(\Omega)$ 上的范数, 满足如下性质:

(i) 非负性: $\|v\|_0 \geqslant 0$, 且 $\|v\|_0 = 0$ 等价于 $v = 0$ 几乎处处成立;

(ii) 齐次性: 对于任意实数 α, 有 $\|\alpha v\|_0 = |\alpha|\|v\|_0$ 成立;

(iii) 三角不等式性: $\|u+v\|_0 \leqslant \|u\|_0 + \|v\|_0$.

进一步, $L^2(\Omega)$ 空间是一个 Hilbert 空间 (完备的内积空间).

2.2.2 L^p 空间的性质[5-7]

性质 2.1 L^p **中的函数具有整体连续性.**

定义 2.5 函数 f 在 $L^p(\Omega)$ 中整体连续是指对于 $\forall\epsilon > 0$, $\exists\delta = \delta(\epsilon) > 0$, 使得只要 $z : |z| < \delta(\epsilon)$, 都有

$$\|f(x+z) - f(x)\|_{L^p} = \left(\int_\Omega |f(x+z) - f(x)|^p dx\right)^{\frac{1}{p}} < \epsilon.$$

命题 2.1 在有界域 Ω 内属于 $L^p(\Omega)(1 \leqslant p < \infty)$ 的函数在 Ω 内整体连续.

定义 2.6 (1) 泛函的定义: 若在区域 Ω 上每一个函数 $f \in L^p(\Omega)$ 都对应着唯一的一个数 Lf, 则称 Lf 是函数 f 的泛函, 记为 $L(f)$ 或者 $\langle L, f\rangle$.

(2) 线性泛函的定义及性质: 若 Lf 满足 $L(af_1 + bf_2) = aLf_1 + bLf_2$, a 和 b 是任意常数, 则称 Lf 为 L^p 上的线性泛函.

性质 2.2 L^p **空间上的线性泛函,**

(1) 连续性: 当 $\|f_k - f\|_{L^p} \to 0\,(k \to \infty)$ 时, 有 $Lf_k \to Lf\,(k \to \infty)$;

(2) 有界性: 如果存在常数 $M > 0$, 使得对 $\forall f$, 都有 $|Lf| \leqslant M\|f\|_{L^p}$.

命题 2.2 对于 $L^p(\Omega)$ 空间上的任一线性泛函, 连续性与有界性是等价的.

定义 2.7 $L^p(\Omega)$ 上所有线性泛函的全体组成的空间称为 $L^p(\Omega)$ 的对偶空间, 记作 $(L^p(\Omega))'$. $\langle\cdot,\cdot\rangle$ 称为 $(L^p(\Omega))'$ 与 $L^p(\Omega)$ 的对偶积.

定义 2.8 若对任意的函数 $f, g \in L^p(\Omega)$, 有 $\|f - g\|_{L^p} = 0$, 则将 f 和 g 视为同一函数 (或等价函数).

例如

$$f(x) = \begin{cases} 1, & x \geqslant 0, \\ 0, & x < 0 \end{cases}$$

和

$$g(x) = \begin{cases} 1, & x > 0, \\ 0, & x \leqslant 0. \end{cases}$$

只有在零测集 $(x=0)$ 处不同, 因此在 $L^p(\Omega)(1 \leqslant p < \infty)$ 中视为同一函数, 或称为等价类.

2.3 广义导数

经典导数

$$u'(x) = \lim_{h \to 0} \frac{u(x+h) - u(x)}{h}$$

刻画了函数 u 在点 x 附近的局部性质. 当考虑 $L^p(\Omega)$ 中的函数时, 我们往往只关心全局性质, 因此对于不那么光滑的函数 (比如勒贝格可积函数), 也可以在某种意义下定义其导数.

2.3.1 一阶广义导数

设 $u(x), v(x) \in C^1[a,b]$, 则有如下的分部积分公式:

$$\int_a^b u(x)v'(x)dx = [u(x)v(x)]\Big|_a^b - \int_a^b v(x)u'(x)dx.$$

若设 $f(x) \in C^1[a,b]$, 则上式转换为

$$\int_a^b f'(x)\phi(x)dx = -\int_a^b f(x)\phi'(x)dx, \quad \forall \phi(x) \in C_0^\infty[a,b].$$

定义 2.9　设 $f(x) \in L^2(I)$, 若存在 $g(x) \in L^2(I)$, 使得等式

$$\int_a^b g(x)\phi(x)dx = -\int_a^b f(x)\phi'(x)dx, \quad \forall \phi(x) \in C_0^\infty(I)$$

恒成立, 则称 $f(x)$ 在 I 上有一阶广义导数 $g(x)$, 记为 $D_w^1 f(x) = g(x)$.

注释 2.4　一阶广义导数和一阶常义导数 (经典导数) 的区别为

(1) 若 $f(x)$ 有经典导数 $f'(x)$, 则 $f'(x)$ 也是 $f(x)$ 的一阶广义导数, 反之不然;

(2) 同一函数的广义导数可能不唯一, 但在相差一个零测度集意义下是唯一的 (几乎处处相等).

例 2.1　试求 $f(x) = |x| = \begin{cases} x, & 0 \leqslant x < 1, \\ -x, & -1 < x \leqslant 0, \end{cases}$　$x \in \bar{I}$, $I = (-1,1)$ 的一阶广义导数.

解　对于任意的 $\phi \in C_0^\infty(\Omega)$, 由分部积分得

$$\int_{-1}^1 f(x) \cdot \phi'(x)dx = \int_{-1}^0 f(x) \cdot \phi'(x)dx + \int_0^1 f(x) \cdot \phi'(x)dx \tag{2-1}$$

$$= \int_{-1}^{0} \phi(x)dx - \int_{0}^{1} \phi(x)dx \tag{2-2}$$

$$= -\int_{-1}^{1} g(x)\phi(x)dx, \tag{2-3}$$

所以

$$g(x) = \begin{cases} 1, & 0 < x < 1, \\ -1, & -1 < x < 0, \end{cases}$$

因此, $f(x)$ 的一阶广义导数为 $D_w^1 f = g$.

例 2.2 令 $\Omega = (-1, 1)$, 试求函数

$$f(x) = |x|^t = \begin{cases} x^t, & 0 < x < 1, \\ (-x)^t, & -1 < x < 0 \end{cases}$$

的广义导数.

解 根据广义导数的定义, 对于任意的 $\phi \in D(\Omega)$ 有

$$\int_{-1}^{1} f(x) \cdot \phi'(x)dx = \int_{-1}^{0} (-x)^t \cdot \phi'(x)dx + \int_{0}^{1} x^t \cdot \phi'(x)dx \tag{2-4}$$

$$= (-x)^t \phi(x)\Big|_{x=0_-} + \int_{-1}^{0} t(-x)^{t-1} \cdot \phi(x)dx \tag{2-5}$$

$$+ x^t \phi(x)\Big|_{x=0_+} - \int_{0}^{1} tx^{t-1} \cdot \phi(x)dx. \tag{2-6}$$

则当 $t > 0$ 时,

$$\int_{-1}^{1} f(x) \cdot \phi'(x)dx = -\int_{-1}^{1} g(x)\phi(x)dx,$$

其中

$$g(x) = \begin{cases} tx^{t-1}, & 0 < x < 1, \\ -tx^{t-1}, & -1 < x < 0, \end{cases}$$

且 $\int_{-1}^{1} g(x)dx = 2$, 故 $g \in L_{\text{loc}}^1(\Omega)$. 因此当 $t > 0$ 时, $D_w^1 f = g$. 但对于 $t < 0$ 时, f 的广义导数不存在.

2.3.2　α 阶广义导数

定义 2.10 (局部可积函数空间)　$L^1_{\rm loc}(\Omega)=\{f: f\in L^1(D),\forall D\subset\Omega\}$, 其中 D 为紧支集, 如果 $f\in L^1_{\rm loc}(\Omega)$, 取 $T_f\in D'(\Omega)$, 则定义一个分布

$$\langle T_f,\phi\rangle=\int_\Omega f(x)\phi(x)dx,\quad \forall\phi(x)\in D(\Omega).$$

定义 2.11[2]　设 $f\in L^1_{\rm loc}(\Omega)$ 具有广义导数 $D^\alpha_w f$, 如果存在 $g\in L^1_{\rm loc}(\Omega)$, 有

$$\int_\Omega D^\alpha_w f(x)\phi(x)dx=\int_\Omega g(x)\phi(x)dx=(-1)^{|\alpha|}\int_\Omega f(x)D^\alpha\phi(x)dx,\quad \forall\phi\in D(\Omega),$$

等价于 $\langle T_{D^\alpha_w f},\phi\rangle=(-1)^{|\alpha|}\langle T_f,D^\alpha\phi\rangle$, $\forall\phi\in D(\Omega)$, 则称 $D^\alpha_w f=g$ 为 f 的 α 阶广义导数.

定理 2.1　若 $f\in C^{|\alpha|}(\Omega)$, 则 f 的广义导数与经典导数相同.

证明　当 $|\alpha|=1$ 时, 对于任意的 $\phi\in D(\Omega)$ 有

$$\langle T_{D^1_w f},\phi\rangle=-\langle T_f,D^1\phi\rangle=-\int_\Omega f(x)D^1\phi(x)dx=\int_\Omega f'(x)\phi(x)dx=\langle T_{f'},\phi\rangle.$$

因此, $D^1_w f=f'$. □

例 2.3　求 Heaviside 函数 (阶跃函数)

$$H(x)=\begin{cases}1, & x>0,\\ 0, & x\leqslant 0\end{cases}$$

的一阶广义导数.

注释 2.5　δ 函数表达式为

$$\delta(x)=\begin{cases}+\infty, & x=0,\\ 0, & x\neq 0,\end{cases}$$

且满足 $\displaystyle\int_{-\infty}^{+\infty}\delta(x)dx=1$.

若 $\langle T_f,\phi\rangle=\displaystyle\int_\Omega f(x)\phi(x)dx=\phi(0)$, 则 $f(x)=\delta(x)$.

解　$\langle T_{D^1_w H},\phi\rangle=-\langle T_H,D^1\phi\rangle=-\displaystyle\int_{-\infty}^{+\infty}H(x)D^1\phi(x)dx=-\int_0^{+\infty}D^1\phi(x)dx=$ $\phi(0)=\langle T_\delta,\phi\rangle$, $\forall\phi\in D(\Omega)$, 因此, $D^1_w H(x)=\delta(x)$, 但是 $\delta(x)\notin L^1_{\rm loc}(\Omega)$, 所以 Heaviside 函数的一阶广义导数不存在.

2.4 Sobolev 空间

2.4.1 一阶 Sobolev 空间 $H^1(\Omega)$

利用一阶广义导数可定义 Ω 上的一阶 Sobolev 空间 $H^1(\Omega)$ 为

$$H^1(\Omega) = \{f | f \in L^2(\Omega), D_w^1 f \in L^2(\Omega)\},$$

这里 $D_w^1 f$ 为 f 的一阶广义导数.

设 $x = (x_1, x_2, \cdots, x_n) \in \Omega \subset R^n$, $H^1(\Omega)$ 是线性空间, 在 $H^1(\Omega)$ 中引入内积

$$(f, g)_1 = \int_\Omega [f(x)g(x) + D_w^1 f(x) D_w^1 g(x)] dx, \quad \forall f, g \in H^1(\Omega)$$

和范数

$$\|f\|_1 = \sqrt{(f, f)_1} = \left\{ \int_\Omega [f^2 + (D_w^1 f)^2] dx \right\}^{\frac{1}{2}}, \quad \forall f \in H^1(\Omega),$$

可以证明 $H^1(\Omega)$ 是完备的内积空间, 即 Hilbert 空间.

2.4.2 k 阶 Sobolev 空间 $H^k(\Omega)$

k 阶 Sobolev 空间 $H^k(\Omega)$ 定义如下[1]

$$H^k(\Omega) = \{f \in L^2(\Omega) : \ D_w^\alpha f \in L^2(\Omega), \ \forall \alpha : |\alpha| \leqslant k\},$$

其内积和范数定义如下

$$(f, g)_k = \sum_{|\alpha|=0}^{k} \int_\Omega (D_w^\alpha f)(D_w^\alpha g) dx,$$

$$\|f\|_k = \sqrt{(f, f)_k} = \left(\sum_{|\alpha|=0}^{k} \int_\Omega (D_w^\alpha f)^2 dx \right)^{\frac{1}{2}},$$

$$|f|_k = \left(\sum_{|\alpha|=k} \int_\Omega (D_w^\alpha f)^2 dx \right)^{\frac{1}{2}}.$$

根据全范数和半范数的定义可知

$$\|f\|_k = \sqrt{\sum_{m=0}^{k} |f|_m^2}.$$

注释 2.6 (1) 当 $k=0$ 时, $H^0(\Omega)$ 就是 $L^2(\Omega)$ 空间;
(2) 当 $k=1$ 时,

$$(f,g)_1=\int_\Omega fgdx+\int_\Omega D_w^1 fD_w^1 gdx.$$

取 $f=g$, 则有

$$\|f\|_1^2=\int_\Omega f^2dx+\int_\Omega (D_w^1 f)^2dx.$$

由于 $\|f\|_0=\left(\int_\Omega f^2dx\right)^{\frac{1}{2}}$ 和 $|f|_1=\left(\int_\Omega (D_w^1 f)^2dx\right)^{\frac{1}{2}}=\|D_w^1 f\|_0$, 所以 $\|f\|_1=\sqrt{\|f\|_0^2+|f|_1^2}=\sqrt{\|f\|_0^2+\|D_w^1 f\|_0^2}$.

定理 2.2 (等价范数定理) 设在线性空间 X 上给定了两个范数 $\|\cdot\|_1$ 和 $\|\cdot\|_2$, 若存在两个常数 $C_1,C_2>0$, 使得

$$C_1\|x\|_1\leqslant\|x\|_2\leqslant C_2\|x\|_1,\quad \forall x\in X,$$

则范数 $\|\cdot\|_1$ 和 $\|\cdot\|_2$ 等价.

定理 2.3 ($H^k(\Omega)$ 空间中函数的连续性[1]) 不是 $H^k(\Omega)$ 中所有的函数都是连续的, 如果 $k>m+\frac{n}{2}$, $\Omega\subset R^n(n\geqslant 1)$ (开集) 具有充分光滑的边界, 则有 $H^k(\Omega)\subset C^m(\bar{\Omega})$.

例如, 当 $k=n=1$ 和 $m=0$ 时, 满足 $1>0+\frac{1}{2}$, 有 $H^1(\Omega)\subset C^0(\bar{\Omega})$, 但当 $n=2,3$ 时, $H^1(\Omega)\not\subset C^0(\bar{\Omega})$.

2.4.3 $H_0^1(\Omega)$ 空间

定义 2.12 $H_0^1(\Omega)$ 表示 $H^1(\Omega)$ 中 $C_0^\infty(\Omega)$ 的闭包, 即

$$H_0^1(\Omega)=\overline{C_0^\infty(\Omega)}=\{v\in H^1(\Omega):v|_{\partial\Omega}=0\}.$$

Poincaré 不等式[4]: 设 $\Omega\subset R^n$ 为有界集合, 则存在常数 $C>0$, 满足

$$\|v\|_0\leqslant C|v|_1,\quad \forall v\in H_0^1(\Omega).$$

定理 2.4 当 $v\in H_0^1(\Omega)$ 时, $|v|_1$ 与 $\|v\|_1$ 等价.

证明 根据 H^1 范数的定义和 Poincaré 不等式有

$$\|v\|_1=\left(\int_\Omega v^2dx+\int_\Omega (D_w^1 v)^2dx\right)^{\frac{1}{2}} \tag{2-7}$$

$$= \sqrt{\|v\|_0^2 + |v|_1^2}^2 \leqslant \sqrt{C|v|_1^2 + |v|_1^2} \leqslant C^\star |v|_1, \tag{2-8}$$

又 $|v|_1 \leqslant \|v\|_1$, 所以推得 $|v|_1$ 与 $\|v\|_1$ 等价. □

2.4.4 迹算子

定义 2.13 设 $\Omega \subset R^n$ 是开集, $v \in H^1(\Omega)$, 我们称 v 在区域 Ω 的边界 $\partial\Omega$ 上的值为 v 的迹, 记为 $\gamma_0 v = v|_{\partial\Omega}$.

定理 2.5[10] 令 $\Omega \subset R^n$ 具有充分正则的边界 $\partial\Omega$, 令 $k \geqslant 1$, 存在一个且仅存在一个线性连续算子

$$\gamma_0 : H^k(\Omega) \to L^2(\partial\Omega),$$

使得

$$\gamma_0 v = v|_{\partial\Omega}, \quad \forall v \in H^k(\Omega) \cap C^0(\overline{\Omega}),$$

其中 γ_0 的连续性指存在一个常数 $C_0 > 0$, 使得

$$\|\gamma_0 v\|_{L^2(\partial\Omega)} \leqslant C_0 \|v\|_k.$$

注释 2.7 上述结果对于充分正则边界 $\partial\Omega$ 的一部分 Γ 仍然成立, 即有迹算子 $\gamma_\Gamma : H^k(\Omega) \to L^2(\Gamma)$, γ_Γ 连续是指存在一个常数 $C > 0$, 使得

$$\|\gamma_\Gamma v\|_{L^2(\Gamma)} \leqslant C\|v\|_k.$$

注释 2.8 迹算子在 $L^2(\Gamma)$ 上不是满射, 事实上, $H^1(\Omega)$ 中函数迹的集合是 $L^2(\Gamma)$ 的子集, 记为 $H^{1/2}(\Gamma)$, 其正则性介于 $L^2(\Gamma)$ 与 $H^1(\Gamma)$ 之间. 更一般地, 对于每个 $k \geqslant 1$, 存在唯一的线性连续映射

$$\gamma_0 : H^k(\Omega) \to H^{k-1/2}(\Gamma),$$

使得

$$\gamma_0 v = v|_\Gamma, \quad \forall v \in H^k(\Omega) \cap C^0(\overline{\Omega}).$$

定理 2.6[1] 设 $\Omega \subset R^n$ 具有充分正则的边界 $\partial\Omega$, 令 γ_0 是从 $H^1(\Omega)$ 到 $L^2(\partial\Omega)$ 的迹算子, 我们有

$$H_0^1(\Omega) = \mathrm{Ker}(\gamma_0) = \{v \in H^1(\Omega) : \gamma_0 v = 0\}.$$

换句话说, $H_0^1(\Omega)$ 是由 $H^1(\Omega)$ 中在边界上具有零迹的函数组成的.

参考文献

[1] 王术. Sobolev 空间与偏微分方程引论 [M]. 北京: 科学出版社, 2009.
[2] 王烈衡, 许学军. 有限元方法的数学基础 [M]. 北京: 科学出版社, 2004.
[3] ADAMS R A. 索伯列夫空间 [M]. 叶其孝, 王耀东, 应隆安, 等译. 北京: 人民教育出版社, 1981.
[4] 立康, 郭毓駒. 索伯列夫空间引论 [M]. 上海: 上海科学技术出版社, 1981.
[5] 陈国旺. 索伯列夫空间导论 [M]. 北京: 科学出版社, 2013.
[6] 王向东, 梁鋆廷, 戎海武. 索伯列夫空间论 [M]. 北京: 科学出版社, 2004.
[7] 王明新. 索伯列夫空间 [M]. 北京: 高等教育出版社, 2013.
[8] Quarteroni A. Numerical Models for Differential Problems[M]. Milan: Springer-Verlag, 2009.
[9] Adams R A. Sobolev Spaces[M]. New York: Academic Press, 1975.
[10] 王元明, 徐君祥. 索伯列夫空间讲义 [M]. 南京: 东南大学出版社, 2003.

第 3 章 Galerkin 方法

3.1 背　　景

在科学技术领域, 对许多力学问题和物理问题, 人们已经得到了它们遵循的基本方程 (微分方程) 和相应的定解条件. 但是能用解析方法求出精确解的只是少数性质比较简单的方程, 且其几何形状相当规则. 对于大多数问题而言, 由于方程的一些特征或者由于求解区域的几何形状相当复杂, 往往不能得到解析解. 这类问题的解决一般有两种途径, 一种方法是引入简化假设, 从而得到问题在简化状态下的解, 但这种方法可能会因为过多的简化导致误差很大甚至错误的解. 因此人们寻找和发展了另一种方法——数值解法[1-3]. 这里我们介绍 Galerkin 方法.

3.2 预 备 知 识

Δ　Laplace 算子, $\Delta u = \dfrac{\partial^2 u}{\partial x_1^2} + \dfrac{\partial^2 u}{\partial x_2^2} + \cdots + \dfrac{\partial^2 u}{\partial x_n^2}$.

∇　梯度算子, $\nabla u = \left(\dfrac{\partial u}{\partial x_1}, \dfrac{\partial u}{\partial x_2}, \cdots, \dfrac{\partial u}{\partial x_n}\right)$.

div　散度算子, $\operatorname{div}(u) = \nabla \cdot u = \dfrac{\partial u}{\partial x_1} + \dfrac{\partial u}{\partial x_2} + \cdots + \dfrac{\partial u}{\partial x_n}$.

curl　旋度算子, 当 $n = 3$ 时, $\operatorname{curl}(u) = \nabla \times u = \begin{pmatrix} i & j & k \\ \dfrac{\partial}{\partial x_1} & \dfrac{\partial}{\partial x_2} & \dfrac{\partial}{\partial x_3} \\ u_1 & u_2 & u_3 \end{pmatrix}$;

当 $n = 2$ 时, $\operatorname{curl}(u) = \dfrac{\partial u_2}{\partial x_1} - \dfrac{\partial u_1}{\partial x_2}$.

边界条件

边值问题中的边界条件的形式多种多样, 在端点处大体上可以写成如下形式:

$$Ax + Bx' = K.$$

若 $B = 0, A \neq 0$, 则称为第一类边界条件或 Dirichlet 边界;

若 $A=0, B\neq 0$, 则称为第二类边界条件或 Neumann 边界;

若 $A\neq 0, B\neq 0$, 则称为第三类边界条件或 Robin 边界.

定理 3.1(Riesz 表示定理)[5] 对于 Hilbert 空间 X 上的任意线性有界泛函, 存在对应元素 $y\in X$, 使得

$$f(x)=\langle x,y\rangle,\quad \forall x\in X.$$

定理 3.2 (Lax-Milgram 定理)[4] 设 X 是一个 Hilbert 空间, $A(u,v)$ 是 $X\times X$ 上的双线性泛函, 且满足

对称性: $A(u,v)=A(v,u), \forall u,v\in X$;

连续性: $|A(u,v)|\leqslant M\|u\|_X\|v\|_X, \forall u,v\in X$;

强制性: $A(u,u)\geqslant \gamma\|u\|_X^2, \forall u\in X$,

则方程 $A(u,v)=f(v), \forall v\in X$ 存在唯一解 u^*, 且有以下估计式

$$\|u^*\|_X\leqslant \frac{\|f\|_*}{\gamma},$$

这里 M 和 γ 都是不依赖于 u,v 的正常数, $\|\cdot\|_X$ 是 X 中的范数, f 是 X 上的线性泛函, $\|\cdot\|_*$ 是 V 上的对偶范数, 即

$$\|f\|_*=\sup_{v\in X}\frac{\langle f,v\rangle}{\|v\|_X}.$$

证明 因为 $A(u,v)$ 是对称、正定的, 因此在 X 上定义新的内积 $[u,v]=A(u,v)$, 且满足

$$\gamma\|u\|_X^2\leqslant [u,u]\leqslant M\|u\|_X^2,$$

即新定义的范数等价于 $\|\cdot\|_X$. 对于新范数而言, f 仍是线性连续泛函. 根据 Riesz 表示定理, 存在唯一的 $u^*\in X$ 使得

$$[u^*,v]=\langle f,v\rangle,\quad \forall v\in X,$$

也就是

$$A(u^*,v)=\langle f,v\rangle,\quad \forall v\in X,$$

所以 u^* 就是唯一解. 另一方面由强制性和 $\|\cdot\|_*$ 定义可得

$$\gamma\|u^*\|_X^2\leqslant A(u^*,u^*)=[u^*,u^*]=\langle f,u^*\rangle\leqslant \|f\|_*\|u^*\|_X.$$

进一步可得

$$\|u^*\|_X\leqslant \frac{\|f\|_*}{\gamma}.$$

□

3.3 变分问题

针对变分问题, 我们首先来看一个简单的方程 (泊松问题)

$$\begin{cases}-\Delta u=f, & \text{在 } \Omega \text{ 内},\\ u=0, & \text{在 } \partial\Omega \text{ 上}.\end{cases} \tag{3-1}$$

为了方便, 设 $X=H_0^1(\Omega)$.

对 (3-1) 式的第一个方程两边同时乘以 $v\in X$, 然后在 Ω 上积分得

$$-\int_\Omega \Delta u\cdot v dx=\int_\Omega f\cdot v dx. \tag{3-2}$$

根据格林公式, (3-2) 式的左端为

$$-\int_\Omega \Delta u\cdot v dx=\int_\Omega \nabla u\cdot\nabla v dx-\int_{\partial\Omega}\nabla u\cdot \boldsymbol{n}\cdot v ds, \tag{3-3}$$

而 $v\in X$, 因此 $\int_{\partial\Omega}\nabla u\cdot\boldsymbol{n}\cdot v ds=0$. 结合 (3-2), (3-3) 和 (3-1) 式, 泊松问题就可以转化为连续变分问题, 即求解 $u\in X$, 使得

$$a(u,v)=\langle f,v\rangle,\quad \forall v\in X, \tag{3-4}$$

这里

$$a(u,v)=\int_\Omega \nabla u\cdot\nabla v dx$$

和

$$\langle f,v\rangle=\int_\Omega f\cdot v dx.$$

变分问题 (3-4) 的解称为问题 (3-1) 的弱解. 如果函数 $u(x)\in H_0^2(\Omega)$, 且满足 (3-1), 则称 $u(x)$ 为 (3-1) 的古典解.

弱解所在的空间称为试探空间, (3-4) 式必须对 $\forall v\in X$ 中的任一元素都要成立, 故称其为检验空间. 试探空间和检验空间可以为相同的空间也可以为不同空间.

3.4 离散格式

为了求解复杂的偏微分方程, 我们将采取以下步骤:

无穷维问题 $\Rightarrow$ 有限维问题 $\Rightarrow$ 求近似解.

设 $X_h \subseteq X$ 为 X 的有限维子空间, 当 $h \to 0$ 时, X_h 的维数无限增加, 直到充满 X 为止 (即 $\lim\limits_{h\to 0} \dim X_h = \dim X$), 则 (3-4) 的 Galerkin 逼近为: 求 $u_h \in X_h$ 使得

$$a(u_h, v_h) = \langle f, v_h \rangle, \quad \forall v_h \in X_h. \tag{3-5}$$

令 $\dim X_h = m$, 即 X_h 是 m 维有限维空间, 其基函数系为 $\{\varphi_i(x)\}_{i=1}^m$, 由 v_h 的任意性, 我们取 v_h 为 X_h 中的基, 则

$$u_h = \sum_{i=1}^m U_i \varphi_i(x), \quad v_h = \{\varphi_i(x)\}. \tag{3-6}$$

将 (3-6) 式代入 (3-5) 式可得如下线性方程组

$$AU = F, \tag{3-7}$$

这里

$$\begin{aligned}
&U = (U_1, U_2, U_3, \cdots, U_m)^{\mathrm{T}}, \\
&A = (a_{ij})_{m\times m} = a(\varphi_i, \varphi_j) = \int_0^l \varphi_i'(x)\varphi_j'(x)dx, \\
&F = (F_1, F_2, F_3, \cdots, F_m)^{\mathrm{T}}, \\
&F_j = \langle f, \varphi_j \rangle = \int_0^l f(x)\varphi_j(x)dx, \quad j = 1, 2, \cdots, m.
\end{aligned}$$

由以下定理可得 A 称为刚度矩阵, 且为正定的.

定理 3.3 (正定矩阵) 若 $A \in R^m$ 是正定矩阵, 则 $v^{\mathrm{T}}Av \geqslant 0, \forall v \in R^m$, 且 $v^{\mathrm{T}}Av = 0 \Leftrightarrow v = 0$.

证明 假设一个 R^m 到 X_h 的双射

$$v = (v_i) \in R^m \leftrightarrow v_h(x) = \sum_{j=1}^m v_j \psi_j \in X_h.$$

根据 $A(\cdot,\cdot)$ 的强制性, 我们可得

$$\begin{aligned}
v^{\mathrm{T}}Av &= \sum_{j=1}^m \sum_{i=1}^m v_i A_{ij} v_j = \sum_{j=1}^m \sum_{i=1}^m v_i a(\psi_i, \psi_j) v_j \\
&= \sum_{j=1}^m \sum_{i=1}^m a(v_i\psi_i, v_j\psi_j)
\end{aligned}$$

$$
\begin{aligned}
&= a\left(\sum_{i=1}^{m} v_i\psi_i, \sum_{j=1}^{m} v_j\psi_j\right) \\
&= A(v_h, v_h) \geqslant \beta\|v_h\|_X^2 \geqslant 0.
\end{aligned}
$$

如果 $v^{\mathrm{T}}Av = 0$, 则 $\|v_h\|_X^2 = 0$, 即 $v_h = 0$, $v = 0$, 因此刚度矩阵 A 是正定的. □

3.5 Galerkin 方法的适定性

下面我们将证明 Galerkin 方法[6,7,9] 的存在唯一性、稳定性和收敛性.

3.5.1 存在唯一性

Lax-Milgram 定理适用于任何 Hilbert 空间, 显然对于它的子空间 X_h 也同样适用, 故 Galerkin 问题存在唯一解. 我们从另一个角度也能说明它的存在唯一性, Galerkin 问题最终等价于解线性方程组 $AU = F$, 矩阵 A 是正定非奇异矩阵, 则线性系统存在唯一解, 进而相应的 Galerkin 问题存在唯一解.

3.5.2 稳定性

定理 3.4[1] 若 u_h 是 Galerkin 变分问题的解, 那么它是有界的, 即

$$
\|u_h\|_1 \leqslant \frac{1}{\gamma}\|f\|_*, \quad u_h \in X, \tag{3-8}
$$

这里 γ 是双线性型 $a(\cdot,\cdot)$ 强制性的系数, $\|f\|_*$ 是 f 对偶空间的范数.

由此可知, Galerkin 方法是稳定的.

3.5.3 收敛性

引理 3.1 (正交性) Galerkin 方法满足强一致性,

$$
a(u - u_h, v_h) = 0, \quad \forall v_h \in X_h. \tag{3-9}
$$

证明 因为 $X_h \subseteq X$, 取 $v = v_h$, 我们有

$$
a(u, v_h) = \langle f, v_h\rangle, \quad \forall v_h \in X_h. \tag{3-10}
$$

用 (3-10) 式减去 (3-5) 式可得

$$
a(u - u_h, v_h) = 0, \quad \forall v_h \in X_h.
$$

□

现在我们来考虑当双线性形式的两个参数都等于 $u-u_h$ 时, 它所取的值. 如果 v_h 是 X_h 中的任意元素, 我们得到:

引理 3.2 (Céa 引理) Galerkin 方法满足

$$\|u-u_h\|_1 \leqslant \frac{M}{\gamma} \inf_{w_h \in X_h} \|u-w_h\|_1. \tag{3-11}$$

证明 由于

$$a(u-u_h, u-u_h) = a(u-u_h, u-v_h) + a(u-u_h, v_h-u_h),$$

上式最后一项为 0, 根据双线性项 $a(\cdot,\cdot)$ 的连续性和 X 空间半范数和全范数的等价性, 有

$$|a(u-u_h, u-u_h)| \leqslant M\|u-u_h\|_1\|u-v_h\|_1. \tag{3-12}$$

利用强制性我们得到

$$a(u-u_h, u-u_h) \geqslant \gamma\|u-u_h\|_1^2. \tag{3-13}$$

结合 (3-12), (3-13) 式可得

$$\|u-u_h\|_1 \leqslant \frac{M}{\gamma}\|u-v_h\|_1.$$

上式对所有的 $v_h \in X_h$ 都成立, 因此 (3-11) 式成立. □

进一步有:

定理 3.5 (收敛性定理) Galerkin 方法满足

$$\lim_{h\to 0}\|u-u_h\|_1 \to 0. \tag{3-14}$$

证明 为了使方法收敛, 当 $h \to 0$ 时, 空间 X_h 充满整个 X, 也就是

$$\lim_{h\to 0}\inf_{v_h \in X_h}\|v-v_h\|_1 = 0, \quad \forall v \in X.$$

在这种条件下, 由 (3-11) 式, 可得 Galerkin 方法是收敛的,

$$\lim_{h\to 0}\|u-u_h\|_1 = 0.$$

□

3.6 计算实例

下面我们介绍一个用 Galerkin 方法求解计算的实例.

例 3.1 用 Galerkin 方法求解边值问题

$$\begin{cases} -u'' + u = (1+\pi^2)\sin(\pi x), & 0 < x < 1, \\ u(0) = 0, \quad u(1) = 0. \end{cases} \tag{3-15}$$

该边值问题的精确解为 $u(x) = \sin(\pi x)$.

解 设 $I = (0,1)$, 方程的变分形式为: 求解 $u \in H_0^1(I)$, 满足

$$a(u,v) = \langle f, v \rangle, \quad \forall v \in H_0^1(I), \tag{3-16}$$

这里

$$a(u,v) = \int_0^1 (u'v' + uv)dx, \tag{3-17}$$

$$\langle f, v \rangle = (1+\pi^2)\int_0^1 v \sin(\pi x) dx. \tag{3-18}$$

在 $H_0^1(I)$ 上取一族基函数

$$\phi_i(x) = w(x)x^{i-1}, \quad i = 1, 2, \cdots, n.$$

为了满足边界条件 $\phi_i(0) = 0, \phi_i(1) = 0$, 取 $w(x) = x(1-x)$. 所以 v 可取

$$\phi_i(x) = x(1-x)x^{i-1} = x^i - x^{i+1}, \quad i = 1, 2, \cdots, n. \tag{3-19}$$

因为 $i = 1, 2, \cdots, n$, 有限维空间的基函数 $\{\phi_i(x)\}_1^n$ 的元素个数等于有限维空间 X_n 的维数. 则

$$C_1\phi_1(x) + C_2\phi_2(x) + \cdots + C_n\phi_n(x) = 0,$$

即

$$x(1-x)(C_1 + C_2 x + C_3 x^2 + \cdots + C_n x^{n-1}) = 0.$$

由于 $1, x, x^2, \cdots, x^{n-1}$ 是线性无关的, 所以得

$$\begin{gathered} C_1 = 0, \quad C_n = 0, \\ C_1 - C_2 = 0, \\ C_2 - C_3 = 0, \\ \cdots, \\ C_n - C_{n+1} = 0. \end{gathered}$$

故 $C_1 = C_2 = \cdots = C_n = 0$.

因此, 由 $\{\phi_i(x)\}_1^n$ 为基底张成的 n 维子空间 X_n 中任意元素为

$$u_n(x) = \sum_{j=1}^{n} u_j\phi_j(x) = x(1-x)(c_1 + c_2 x + \cdots + c_n x^{n-1}). \tag{3-20}$$

将 (3-20) 代入 (3-16) 中可得形如 $AU = F$ 的方程

$$\begin{pmatrix} a(\phi_1,\phi_1) & a(\phi_2,\phi_1) & \cdots & a(\phi_n,\phi_1) \\ a(\phi_1,\phi_2) & a(\phi_2,\phi_2) & \cdots & a(\phi_n,\phi_2) \\ \vdots & \vdots & & \vdots \\ a(\phi_1,\phi_n) & a(\phi_2,\phi_n) & \cdots & a(\phi_n,\phi_n) \end{pmatrix} \begin{pmatrix} u_1 \\ u_2 \\ \vdots \\ u_n \end{pmatrix} = \begin{pmatrix} (f,\phi_1) \\ (f,\phi_2) \\ \vdots \\ (f,\phi_n) \end{pmatrix},$$

这里

$$\begin{aligned} a(\phi_i,\phi_j) &= \int_0^1 (\phi_i'\phi_j' + \phi_i\phi_j)dx \\ &= \int_0^1 \Big\{[ix^{i-1}-(i+1)x^i][jx^{j-1}-(j+1)x^j] + (x^i - x^{i+1})(x^j - x^{j+1})\Big\}dx \\ &= \frac{ij}{i+j-1} - \frac{2ij+i+j}{i+j} + \frac{ij+i+j+2}{i+j+1} - \frac{2}{i+j+2} + \frac{1}{i+j+3}, \\ \langle f,\phi_i\rangle &= (1+\pi^2)\int_0^1 (x^i - x^{i+1})\sin(\pi x)dx. \end{aligned}$$

当 $n = 1$ 时, 可得

$$0.36667u_1 = 1.40225.$$

解得

$$u_1 = 3.82428.$$

故

$$u_1(x) = 3.82428x(1-x).$$

当 $n = 4$ 时, 方程组为

$$\begin{pmatrix} 0.36667 & 0.18333 & 0.10952 & 0.07262 \\ 0.18333 & 0.14286 & 0.10595 & 0.08016 \\ 0.10952 & 0.10595 & 0.08968 & 0.07421 \\ 0.07262 & 0.08016 & 0.07421 & 0.06551 \end{pmatrix} \begin{pmatrix} u_1 \\ u_2 \\ u_3 \\ u_4 \end{pmatrix} = \begin{pmatrix} 1.40225 \\ 0.70112 \\ 0.39844 \\ 0.24710 \end{pmatrix}.$$

解得

$$u_4(x) = x(1-x)(3.11313 + 3.53295x - 3.3295x^2 + 3.00999 \times 10^{-12}x^3).$$

当 $n=8$ 时, 可得

$$u_8(x) = x(1-x)(3.1416 + 3.1418x - 2.0292x^2 - 2.0065x^3 + 0.45626x^4 + 0.65639x^5 - 0.21880x^6 - 2.4044 \times 10^{-9}x^7).$$

真解与逼近解的曲线图如图 3-1 所示.

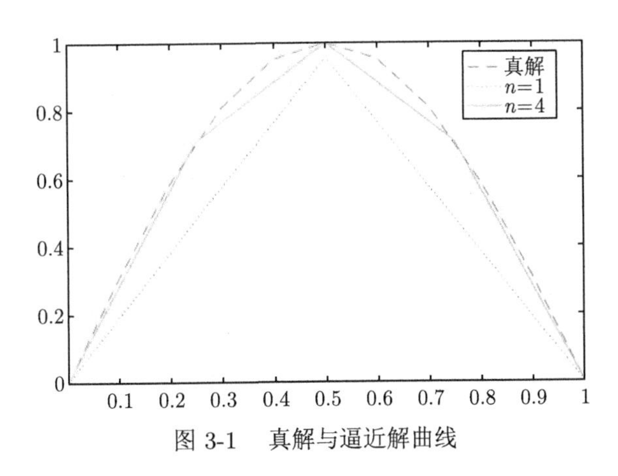

图 3-1　真解与逼近解曲线

3.7 练　　习

1. 用 Galerkin 方法求解边值问题

$$\begin{cases} -\Delta u = 2\pi\cos\dfrac{\pi(1-r^2)}{2} + \pi^2 r^2 \sin\dfrac{1-r^2}{2}, & x, y \in \Omega, \\ u(0) = 0, & (x,y) \in \partial\Omega \end{cases} \tag{3-21}$$

的 Galerkin 数值解. 这里 $\Omega = \{(x,y) | x^2 + y^2 < 1\}, r^2 = x^2 + y^2$, 该问题的真解为 $u(x,y) = \sin\dfrac{\pi(1-r^2)}{2}$.

提示　Ω 是关于原点对称的, f 仅依赖于 r^2, 因此取 $H_0^1(\Omega)$ 上的一族基函数

$$\phi_j(x,y) = w(r)r^{2(j-1)}, \quad j = 1, 2, \cdots, n.$$

为使 $\phi_j|_{r=1} = 0$, 取 $w(r) = 1 - r^2$ 可得

$$\phi_j(x,y) = (1-r^2)r^{2(j-1)}, \quad j = 1, 2, \cdots, n. \tag{3-22}$$

由 $\{\phi_j(x,y)\}_1^n$ 为基底张成的 n 维子空间 X_n 中任意元素为

$$u_n(x,y)=\sum_{j=1}^{n}c_j\phi_j(x,y)=(1-r^2)(c_1+c_2r^2+\cdots+c_nr^{2(n-1)}). \tag{3-23}$$

计算

$$\begin{aligned}a(\phi_i(x,y),\phi_j(x,y))&=\iint\limits_{\Omega}(\nabla\phi_i(x,y),\nabla\phi_j(x,y))dxdy\\&=2\pi\int_0^1 r\frac{d\phi_i(r)}{r}\frac{d\phi_j(r)}{r}dr,\quad 1\leqslant i,j\leqslant n,\end{aligned}$$

$$\begin{aligned}&\langle f,\phi_j(x,y)\rangle\\=&\iint\limits_{\Omega}(f(x,y),\phi_j(x,y))dxdy\\=&2\pi\int_0^1(1-r^2)r^{2(i-1)}r\left[2\pi\cos\frac{\pi(1-r^2)}{2}+\pi^2r^2\sin\frac{1-r^2}{2}\right]dr,\quad 1\leqslant i\leqslant n.\end{aligned}$$

2.(两点边值问题) 考虑如下两点边值问题:

$$\begin{cases}-u''(x)+\sigma u(x)=f(x), & x\in\Omega,\\ u(0)=0, \quad u'(l)=0\end{cases} \tag{3-24}$$

的数值解. 这里 $\Omega=(0,l)$, σ 是给定正常数.

提示 设

$$W=\{v|v,v'\in L^2(0,l),v(0)=0,v'(l)=0\},$$

其范数定义为

$$\|v\|_{1,\Omega}=\left(\int_0^l(|v(x)|^2+|D_w^1v(x)|^2)dx\right)^{\frac{1}{2}},$$

则问题 (3-24) 的解可由下列问题所描述: 求 $u\in W$, 使得

$$\hat{a}(u,v)=\langle f,v\rangle,\quad \forall v\in W, \tag{3-25}$$

这里

$$\langle f,v\rangle=\int_0^l f(x)v(x)dx \tag{3-26}$$

和

$$\hat{a}(u,v)=\int_0^l[-u''(x)v(x)+\sigma u(x)v(x)]dx, \tag{3-27}$$

$$\begin{aligned}\hat{a}(u,v)&=-u'(x)v(x)|_0^l+\int_0^l[u'(x)v'(x)+\sigma u(x)v(x)]dx\\&=\int_0^l[u'(x)v'(x)+\sigma u(x)v(x)]dx.\end{aligned} \tag{3-28}$$

参 考 文 献

[1] 冯康. 基于变分原理的差分格式 [J]. 应用数学与计算数学, 1965, 2(4): 238-262.

[2] 李立康, 於崇华, 朱政华. 微分方程数值解法 [M]. 上海: 复旦大学出版社, 1999.

[3] Thomee V. Galerkin Finite Element Methods for Parabolic Problems[M]. Berlin, Germany: Springer-Verlag, 1997.

[4] 李开泰, 黄艾香, 黄庆怀. 有限元方法及其应用 [M]. 北京: 科学出版社, 2006: 199-215.

[5] 孙志忠. 偏微分方程数值解法 [M]. 北京: 科学出版社, 2005: 210-231.

[6] Devulder C, Marion M, Titi E. On the rate of convergence of nonlinear Galerkin methods[J]. Math. Comp., 1992 (100): 173-201.

[7] Quarteroni A. Numerical Models for Differential Problems[M]. Milan: Springer-Verlag, 2009.

[8] Brenner S C, Scott L R. The mathematical theory of finite element methods[J]. Texts in Applied Mathematics, 2002, 3(298): 263-291.

[9] Foias C, Jolly M, Kevrekidis I G, et al. Dissipative of numerical schemes[J]. Nonlinearity, 1991, (4): 591-613.

[10] Ciarlet P G. The Finite Element Method for Elliptic Problems[M]. Amsterdam: Elsevier North-Holland, 1978.

第 4 章　有限元方法及其误差估计

4.1　背景与简介

有限元方法[3] 是最早应用于结构力学, 后来随着计算机的发展广泛应用于其他领域的数值模拟方法.

有限元方法 (finite element method) 的基础是变分原理和加权余量法, 其基本求解思想是把求解域划分为有限个互不重叠的单元, 在每个单元内, 选择一些合适的节点作为求解函数的插值点, 将微分方程中的变量改写成由各变量或其导数的节点值与所选用的插值函数组成的线性表达式, 用单元基函数的线性组合来逼近单元中的真解, 整个求解域上总体的基函数可以看为由每个单元基函数组成的, 则整个求解域内的解可以看作由所有单元上的近似解构成的. 以此借助于变分原理或加权余量法, 将微分方程离散求解. 采用不同的权函数和插值函数形式, 便构成不同的有限元方法.

有限元方法是一种常用的高效能数值计算方法. 科学计算领域常常需要求解各类微分方程, 而许多微分方程的解析解一般很难得到, 使用有限元方法将微分方程离散化后, 通过编制程序, 利用计算机辅助求解. 有限元方法早期是以变分原理为基础发展起来的. 其原理是将连续的求解域离散为一组单元的组合体, 用在每个单元内假设的近似函数来分片地表示求解域上待求的未知场函数, 近似函数由未知场函数及其导数在单元各节点的数值插值函数来表示, 从而使一个连续的无限自由度问题变成离散的有限自由度问题. 步骤如下.

(1) 剖分: 将待解区域进行分割, 离散成有限个元素的集合. 单元的形状原则上是任意的, 二维问题一般采用三角形单元或矩形单元, 三维空间可采用四面体或多面体等. 每个单元的顶点称为节点 (结点).

(2) 单元分析: 进行分片插值. 将分割单元中任意点的未知函数用该分割单元中形状函数及离散网格点上的函数值展开, 从而建立一个插值函数.

(3) 求解近似变分方程: 运用有限个单元进行离散化, 通过对有限个单元作分片插值求解各种力学、物理问题.

有限元方法与 Galerkin 方法的主要区别是:

(1) Galerkin 方法选取的基函数与节点无关, 而有限元方法选取的是节点基函数;

(2) 运用 Galerkin 方法构造的矩阵是稠密矩阵, 而通过有限元方法构造的矩阵是稀疏矩阵.

4.2 拉格朗日插值基函数

4.2.1 网格剖分

1. 一维情况

1) 网格剖分节点

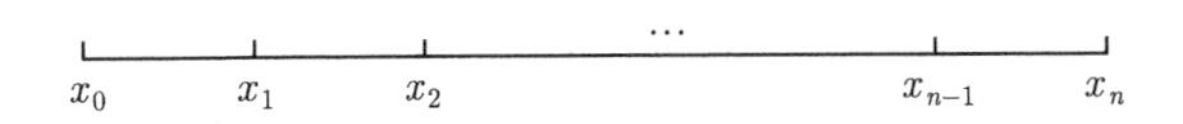

$$a = x_0 < x_1 < x_2 < \cdots < x_{n-1} < x_n = b,$$

称 x_i $(i = 1, 2, \cdots, n-1)$ 为第 i 个内部节点, x_0 和 x_n 为边界节点.

2) 网格剖分单元

分别称 $I_i = [x_{i-1}, x_i]$ 和 $h_i = x_i - x_{i-1}$ 为第 i 个剖分单元和剖分步长. 记 $h = \max\limits_{1 \leqslant i \leqslant n} h_i$.

2. 二维情况

1) 网格剖分节点

网格剖分示意图见图 4-1[2].

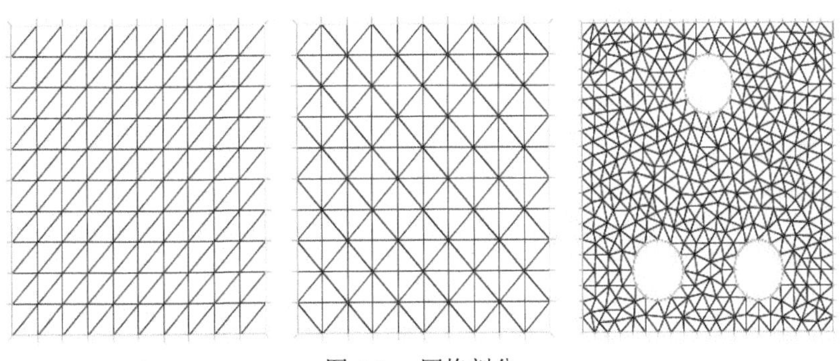

图 4-1 网格剖分

2) 网格剖分单元

有限单元为 $K_i, i = 0, 1, 2, \cdots, N_h$, $\Omega_h = \sum\limits_{i=0}^{N_h} K_i$, h_i 为 K_i 的外切圆直径, 整个区域的尺度 $h = \max\limits_i h_i$.

4.2.2 线性有限元空间

令 $\Omega \subset R^d, d=1,2$ 是一个凸多边形区域, T_h 是 Ω 的一个正则三角形剖分, $K \in T_h$ 是三角形单元, 定义

$$X_h = \{v \in X \cap C^0(\Omega) : v|_K \in P_1(K), \forall K \in T_h\}$$

为一次 (线性) Lagrange 型有限元空间, 简称线性元空间[5], 其中 $P_1(K)$ 为分片线性多项式的全体.

定义 4.1 对某个多项式函数, 已知有给定的 $k+1$ 个取值点: $(x_0, y_0), \cdots, (x_j, y_j)$, 其中 x_j 对应自变量, y_j 对应函数在这个位置的取值. 假设任意两个不同的 x_j 都互不相同, 那么应用拉格朗日插值公式所得到的拉格朗日插值多项式为

$$L(x) := \sum_{j=0}^{k} y_j \phi_j(x),$$

其中每个 $\phi_j(x)$ 为拉格朗日基本多项式 (或称插值基函数), 其表达式为

$$\phi_j(x) := \prod_{i=0, i\neq j}^{k} \frac{x-x_i}{x_j-x_i} = \frac{(x-x_0)}{(x_j-x_0)} \cdots \frac{(x-x_{j-1})}{(x_j-x_{j-1})} \frac{(x-x_{j+1})}{(x_j-x_{j+1})} \cdots \frac{(x-x_k)}{(x_j-x_k)}.$$

拉格朗日基本多项式 $\phi_j(x)$ 的特点是在 x_j 上取值为 1, 在其他点 $x_i, i \neq j$ 上取值为 0:

$$\phi_j(x_i) = \begin{cases} 1, & i=j, \\ 0, & i \neq j. \end{cases} \tag{4-1}$$

4.2.3 基函数

1. 一维情况

X_h 中的函数在 $I_i = [x_{i-1}, x_i], i = 1, 2, \cdots, n$ 上为形如 $a_i + b_i x$ 的函数, 记 $u_i = u_h(x_i)$, 则对任意的 $u_h \in X_h$ 给出如下两种形式的表达式.

1) 分段线性表示 (单元形状函数)

单元形状函数 $u_h^i(x)$ 为 $u_h(x)$ 在 $I_i = [x_{i-1}, x_i]$ 上的限制函数, 由 Lagrange 插值函数有

$$u_h^i(x) = u_{i-1}\phi_{i,0}(x) + u_i \phi_{i,1}(x), \quad x \in I_i,$$

其中

$$\phi_{i,0}(x) = \frac{x-x_i}{x_{i-1}-x_i}, \quad \phi_{i,1}(x) = \frac{x-x_{i-1}}{x_i-x_{i-1}}$$

为关于插值点 x_{i-1}, x_i 的一次 Lagrange 插值因子. 具体图形参见图 4-2[2].

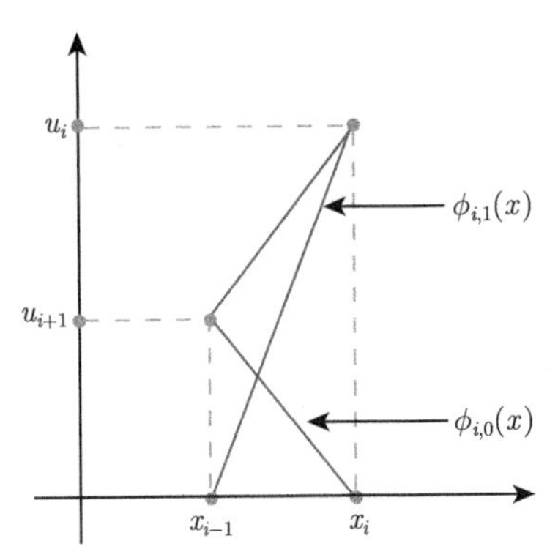

图 4-2　一维情况线性单元形状函数

为了程序化计算, 将一般的单元经过仿射变换转化为标准单元的计算.

单元形状函数[1] 的另一种表示形式如下.

在参考单元 $[0,1]$ (或标准单元) 上求解标准插值基函数:

$$N_0(\xi) = 1 - \xi\ ,\quad N_1(\xi) = \xi.$$

引入仿射变换:

$$\xi = F_i(x) = \frac{x - x_{i-1}}{h_i},\quad I_i \to [0,1],$$

则逆变换:

$$x = x(\xi) = x_{i-1}N_0(\xi) + x_i N_1(\xi),\quad [0,1] \to I_i.$$

因此, 单元形状函数也可表示为

$$u_h^i(x) = u_{i-1}N_0(\xi) + u_i N_1(\xi),\quad x \in I_i \to [0,1],$$

即 $u_h(x)$ 可分段表示为

$$u_h(x) = \begin{cases} u_h^1(x), & x \in I_1, \\ u_h^2(x), & x \in I_2, \\ \qquad \cdots\cdots & \\ u_h^{n-1}(x), & x \in I_{n-1}, \\ u_h^n(x), & x \in I_n. \end{cases}$$

2) 整体表示

给出线性元空间 X_h 的一组基函数, 见图 4-3[2].

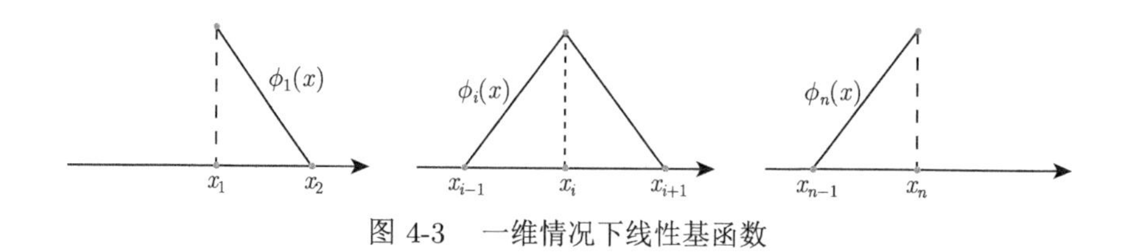

图 4-3 一维情况下线性基函数

在每个非本质边界插值点 x_j 处, 引入函数 $\phi_i(x) \in X_h, i=1,2,\cdots,n$ 满足插值条件

$$\phi_i(x_j)=\delta_{ij}=\begin{cases}0, & i\neq j,\\ 1, & i=j,\end{cases} \qquad i,j=1,2,\cdots,n.$$

经简单计算可得

$$\begin{cases}\phi_1(x)=\begin{cases}\dfrac{x_2-x}{x_2-x_1}, & x_1\leqslant x\leqslant x_2,\\ 0, & \text{在其他各处};\end{cases}\\ \phi_i(x)=\begin{cases}\dfrac{x-x_{i-1}}{x_i-x_{i-1}}, & x_{i-1}\leqslant x\leqslant x_i,\\ \dfrac{x_{i+1}-x}{x_{i+1}-x_i}, & x_i\leqslant x\leqslant x_{i+1},\\ 0, & \text{在其他各处};\end{cases} \qquad i=2,\cdots,n-1,\\ \phi_n(x)=\begin{cases}\dfrac{x-x_{n-1}}{x_n-x_{n-1}}, & x_{n-1}\leqslant x\leqslant x_n,\\ 0, & \text{在其他各处}.\end{cases}\end{cases}$$

借助仿射变换及 $[0,1]$ 上的标准插值基函数, 则上式也可表示为

$$\begin{cases}\phi_1(x)=\begin{cases}N_0(\xi), & \xi=\dfrac{x-x_2}{h_1}, x_1\leqslant x\leqslant x_2,\\ 0, & \text{在其他各处};\end{cases}\\ \phi_i(x)=\begin{cases}N_1(\xi), & \xi=\dfrac{x-x_{i-1}}{h_i}, x_{i-1}\leqslant x\leqslant x_i,\\ N_0(\xi), & \xi=\dfrac{x-x_i}{h_{i+1}}, x_i\leqslant x\leqslant x_{i+1},\\ 0, & \text{在其他各处};\end{cases} \qquad i=2,\cdots,n-1,\\ \phi_n(x)=\begin{cases}N_1(\xi), & \xi=\dfrac{x-x_{n-1}}{h_n}, x_{n-1}\leqslant x\leqslant x_n,\\ 0, & \text{在其他各处}.\end{cases}\end{cases}$$

易知 $\{\phi_i(x), i=1,2,\cdots,n\}$ 是一组线性无关的函数系. 即构成了线性元空间 X_h 中的一组基, 称为线性元空间 X_h 的 Lagrange 节点基函数.

注释 4.1　假设 $u_h(x)=\sum_{i=1}^{n}c_i\phi_i(x)$, 令 $x=x_i$, 运用 Lagrange 插值基函数的特点, 有

$$\begin{cases} u_h(x_1)=c_1\phi_1(x_1)+c_2\phi_2(x_1)+\cdots+c_{n-1}\phi_{n-1}(x_1)+c_n\phi_n(x_1), \\ u_h(x_2)=c_1\phi_1(x_2)+c_2\phi_2(x_2)+\cdots+c_{n-1}\phi_{n-1}(x_2)+c_n\phi_n(x_2), \\ \qquad\qquad\cdots\cdots \\ u_h(x_n)=c_1\phi_1(x_n)+c_2\phi_2(x_n)+\cdots+c_{n-1}\phi_{n-1}(x_n)+c_n\phi_n(x_n). \end{cases}$$

若令 $u_h(x_i)=0$, 则

$$\begin{cases} c_1=0, \\ c_2=0, \\ \cdots\cdots \\ c_n=0. \end{cases}$$

因此, 根据线性无关的定义可知: $\{\phi_i(x), i=1,2,\cdots,n\}$ 是一组线性无关的函数系.

2. 二维情况

与一维情况一样, 为了构造区域基函数, 我们只需在每个单元上构造插值基函数. 这里, 我们讨论三角形单元上的线性插值基函数[7]. 为了计算方便, 首先将直角坐标转换为面积坐标.

1) 面积坐标

设 $e=\Delta(i,j,k)$ 是以 i,j,k 为顶点的任意三角形单元, 面积为 S, 我们规定 i,j,k 的次序是按逆时针方向排列. $\Delta(i,j,k)$ 中任意一点 P 的位置取决于其在直角坐标系 xOy 中的两个坐标值 x,y, 见图 4-4[2].

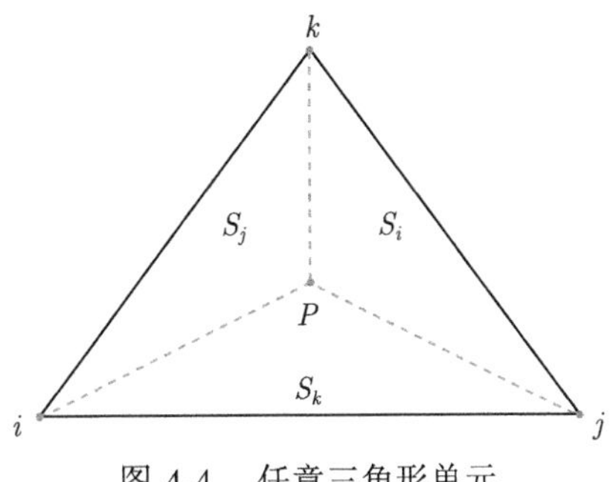

图 4-4　任意三角形单元

如果我们过点 $P(x,y)$ 作与三个顶点的连线, 形成三个小三角形

$$\triangle(i,j,P),\quad \triangle(j,k,P),\quad \triangle(k,i,P),$$

那么 x,y 的取值决定三个小三角形面积; 反之, 小三角形的面积决定点 P 的位置.

因此, 三角形单元中任意一点 P 的位置, 不仅可以通过直角坐标 x,y 来确定, 还可以通过小三角形的面积[8] 来确定. 用 S_i, S_j, S_k 分别表示这三个小三角形的面积, 显然

$$S = S_i + S_j + S_k.$$

令

$$L_i = S_i/S,\quad L_j = S_j/S,\quad L_k = S_k/S.$$

则点 P 的面积坐标为 (L_i, L_j, L_k). 由定义可知

$$L_i, L_j, L_k \geqslant 0,\quad L_i + L_j + L_k = 1.$$

所以, L_i, L_j, L_k 并不是互相独立的, 其中任意一个面积坐标可以由另外两个面积坐标来表示, 并且它们与直角坐标系的选取方法是无关的, 这也是将直角坐标转换为面积坐标来计算的一个优点.

那么, 三个节点 i,j,k 的面积坐标分别是

$$\begin{cases} \text{节点}i: L_i = 1, L_j = 0, L_k = 0, \\ \text{节点}j: L_i = 0, L_j = 1, L_k = 0, \\ \text{节点}k: L_i = 0, L_j = 0, L_k = 1. \end{cases}$$

2) 面积坐标与直角坐标的关系

由于

$$\begin{cases} S = \dfrac{1}{2}\begin{vmatrix} 1 & x_i & y_i \\ 1 & x_j & y_j \\ 1 & x_k & y_k \end{vmatrix}, \quad S_i = \dfrac{1}{2}\begin{vmatrix} 1 & x & y \\ 1 & x_j & y_j \\ 1 & x_k & y_k \end{vmatrix}, \\ S_j = \dfrac{1}{2}\begin{vmatrix} 1 & x_i & y_i \\ 1 & x & y \\ 1 & x_k & y_k \end{vmatrix}, \quad S_k = \dfrac{1}{2}\begin{vmatrix} 1 & x_i & y_i \\ 1 & x_j & y_j \\ 1 & x & y \end{vmatrix}. \end{cases}$$

于是, 有

$$\begin{cases} 2S_i = a_i + b_i x + c_i y, \\ 2S_j = a_j + b_j x + c_j y, \\ 2S_k = a_k + b_k x + c_k y, \end{cases}$$

其中

$$\begin{cases} a_i = x_j y_k - x_k y_j, \ b_i = y_j - y_k, \ c_i = x_k - x_j, \\ a_j = x_k y_i - x_i y_k, \ b_j = y_k - y_i, \ c_j = x_i - x_k, \\ a_k = x_i y_j - x_j y_i, \ b_k = y_i - y_j, \ c_k = x_j - x_i. \end{cases}$$

从而得到面积坐标与直角坐标之间的如下转换关系:

$$\begin{cases} L_i = \dfrac{1}{2S}(a_i + b_i x + c_i y), \\ L_j = \dfrac{1}{2S}(a_j + b_j x + c_j y), \\ L_k = \dfrac{1}{2S}(a_k + b_k x + c_k y), \end{cases}$$

即

$$\begin{bmatrix} x \\ y \\ 1 \end{bmatrix} = \begin{bmatrix} x_i & x_j & x_k \\ y_i & y_j & y_k \\ 1 & 1 & 1 \end{bmatrix} \begin{bmatrix} L_i \\ L_j \\ L_k \end{bmatrix}.$$

说明面积坐标 (L_i, L_j, L_k) 和直角坐标 (x, y) 之间是线性变换的关系, 实际上是将直角坐标平面上的任意形状的三角形变换到面积坐标平面上的直角三角形单元, 经过这种变换, 可以将任意三角形区域上的积分问题转化为在直角边为 1 的直角三角形区域上的积分问题, 这在计算上带来很大的方便.

3) 构造单元基函数

任意一个三角形单元 K 可唯一确定一个线性插值函数[9]

$$u_h(x, y)|_K = u_i \phi_i(x, y) + u_j \phi_j(x, y) + u_k \phi_k(x, y),$$

其中, $u_l\,(l = i, j, k)$ 是三角形单元顶点 l 处的函数值, $\phi_l(x, y)$, $l = i, j, k$ 是 l 处的单元节点基函数. 两者都是线性函数, 并且满足

$$\phi_l(x_m, y_m) = \delta_{lm}, \quad l, m = i, j, k.$$

因此

$$\phi_l(x, y) = L_l(x, y), \quad l = i, j, k.$$

即面积坐标是三角形单元上线性插值函数的基函数, 于是任意一个三角形单元 e 上, 有单元形状函数

$$u_h(x, y)|_K = u_i L_i(x, y) + u_j L_j(x, y) + u_k L_k(x, y).$$

每个节点对应一个基函数, 合并每一个单元上的函数 $u_h^K(x,y)$, 得到 $u(x,y)$ 在整个区域上的分块近似函数 $u_h(x,y)$.

4.3 泊松问题的有限元方法

本节以泊松问题为例, 说明一维、二维的有限元方法.

4.3.1 泊松问题

求解 $u \in H^2(\Omega)$ 满足

$$\begin{cases} -\Delta u = f, & \text{在 } \Omega \text{ 内}, \\ u = 0, & \text{在 } \partial\Omega \text{ 上}. \end{cases} \tag{4-2}$$

(1) 连续变分形式:

求解 $u \in X = H_0^1(\Omega)$, 使得

$$a(u,v) = \langle f, v\rangle, \quad \forall v \in X. \tag{4-3}$$

(2) 离散变分形式:

求解 $u_h \in X_h$, 使得

$$a(u_h, v_h) = \langle f, v_h\rangle, \quad \forall v_h \in X_h. \tag{4-4}$$

4.3.2 计算流程

1. 一维情况

以一维情况下的基函数为例, 运用有限元方法求解离散形式的泊松问题.

令 $v_h(x) = \phi_j(x) \in X_h$. 由于 $u_h \in X_h$, 则设 $u_h(x) = \sum\limits_{i=1}^{n} u_i\phi_i(x)$, 从而有

$$\sum_{i=1}^{n} u_i a(\phi_i(x), \phi_j(x)) = \langle f, \phi_j(x)\rangle, \quad i = 1, 2, \cdots, n, \tag{4-5}$$

并且

$$a(\phi_i(x), \phi_j(x)) = \int_\Omega {\phi_i}'(x){\phi_j}'(x)dx.$$

因此通过有限元空间中节点基函数的特点, 我们有, 在 $a(\phi_i(x), \phi_j(x))$ 中, 当 $|j-i| \geqslant 2$ 时, $a(\phi_i(x), \phi_j(x)) = 0$. 则:

(1) 当 $i=1$ 时, 方程 (4-3) 左端有两个非零系数, $a(\phi_1(x),\phi_1(x))$ 和 $a(\phi_1(x),\phi_2(x))$;

(2) 当 $2\leqslant i\leqslant n-1$ 时, 方程 (4-3) 左端有三个非零系数, $a(\phi_i(x),\phi_i(x))$ 和 $a(\phi_i(x),\phi_{i\pm1}(x))$;

(3) 当$i=n$时, 方程 (4-3) 左端有两个非零系数, $a(\phi_n(x),\phi_{n-1}(x))$和$a(\phi_n(x),\phi_n(x))$. 而 $AU=F$, 其中 $A=(a_{ij})$ 是 $n\times n$ 的矩阵, $F=(f,\phi_j(x))$ 是 $n\times 1$ 的矩阵, $U=(u_i)$ 是 $n\times 1$ 的矩阵. 即

$$A=\begin{bmatrix} a(\phi_1,\phi_1) & a(\phi_1,\phi_2) & 0 & \cdots & 0 & 0 & 0 \\ a(\phi_2,\phi_1) & a(\phi_2,\phi_2) & a(\phi_2,\phi_3) & \cdots & 0 & 0 & 0 \\ \vdots & \vdots & \vdots & & \vdots & \vdots & \vdots \\ 0 & 0 & 0 & \cdots & a(\phi_{n-1},\phi_{n-2}) & a(\phi_{n-1},\phi_{n-1}) & a(\phi_{n-1},\phi_n) \\ 0 & 0 & 0 & \cdots & 0 & a(\phi_n,\phi_{n-1}) & a(\phi_n,\phi_n) \end{bmatrix},$$

$$U=\begin{bmatrix} u_1 \\ u_2 \\ \vdots \\ u_{n-1} \\ u_n \end{bmatrix}, \quad F_i=\begin{bmatrix} (f,\phi_1) \\ (f,\phi_2) \\ \vdots \\ (f,\phi_{n-1}) \\ (f,\phi_n) \end{bmatrix}.$$

(1) 在矩阵 A 中, 有

(i) 对角元素 a_{ii}, $i=1,2,\cdots,n$ 的表示式为

$$\begin{aligned} a_{ii} &= a(\phi_i,\phi_i) \\ &= \int_{x_{i-1}}^{x_i} (\phi_i')^2 dx + \int_{x_i}^{x_{i+1}} (\phi_i')^2 dx \\ &= \int_{x_{i-1}}^{x_i} \left(\frac{dN_1(\xi)}{dx}\right)^2 dx + \int_{x_i}^{x_{i+1}} \left(\frac{dN_0(\xi)}{dx}\right)^2 dx \\ &= a(N_1(\xi),N_1(\xi))_{[x_{i-1},x_i]} + a(N_0(\xi),N_0(\xi))_{[x_i,x_{i+1}]}. \end{aligned}$$

(ii) 矩阵 A 非对角线 $a_{i,i-1}=a(\phi_i,\phi_{i-1}), i=2,\cdots,n$ 的表示式为

$$a_{i,i-1}=a(N_1(\xi),N_0(\xi))_{[x_{i-1},x_i]}.$$

(iii) 根据双线性型的对称性, 有矩阵 A 非对角线 $a_{i,i+1}=a(\phi_i,\phi_{i+1}), i=1,\cdots,n-1$ 的表示式为

$$a_{i,i+1}=a(N_0(\xi),N_1(\xi))_{[x_i,x_{i+1}]}.$$

(2) 在矩阵 F 中, 有

(i) $i=2,\cdots,n-1$ 时,

$$\begin{aligned}F_i &= \int_{x_{i-1}}^{x_i} f(x)\phi_i(x)dx + \int_{x_i}^{x_{i+1}} f(x)\phi_i(x)dx \\ &= \int_{x_{i-1}}^{x_i} f(x)N_1(\xi)dx + \int_{x_i}^{x_{i+1}} f(x)N_0(\xi)dx \\ &= (f, N_1(\xi))_{[x_{i-1},x_i]} + (f, N_0(\xi))_{[x_i,x_{i+1}]}.\end{aligned}$$

(ii) $i=1$ 时,

$$F_1 = (f, N_0(\xi))_{[x_1,x_2]}.$$

(iii) $i=n$ 时,

$$F_n = (f, N_1(\xi))_{[x_{n-1},x_n]}.$$

因此, 通过矩阵 A 与矩阵 F 求解未知解 U, 即 $U=A^{-1}F$.

2. 二维情况

二维情况下的基函数在求解双线性型时, 注意面积坐标函数的偏导数求解. 设面积坐标函数为 $z=G(L_i,L_j,L_k)$, L_i,L_j,L_k 是 x,y 的函数, 由复合函数的求导法则有

$$\begin{aligned}\frac{\partial z}{\partial x} &= \frac{\partial z}{\partial L_i}\frac{\partial L_i}{\partial x} + \frac{\partial z}{\partial L_j}\frac{\partial L_j}{\partial x} + \frac{\partial z}{\partial L_k}\frac{\partial L_k}{\partial x}, \\ \frac{\partial z}{\partial y} &= \frac{\partial z}{\partial L_i}\frac{\partial L_i}{\partial y} + \frac{\partial z}{\partial L_j}\frac{\partial L_j}{\partial y} + \frac{\partial z}{\partial L_k}\frac{\partial L_k}{\partial y}.\end{aligned}$$

通过面积坐标与直角坐标的转换关系, 可得

$$\begin{aligned}\frac{\partial L_i}{\partial x} = \frac{b_i}{2S}, \quad \frac{\partial L_j}{\partial x} = \frac{b_j}{2S}, \quad \frac{\partial L_k}{\partial x} = \frac{b_k}{2S}, \\ \frac{\partial L_i}{\partial y} = \frac{c_i}{2S}, \quad \frac{\partial L_j}{\partial y} = \frac{c_j}{2S}, \quad \frac{\partial L_k}{\partial y} = \frac{c_k}{2S}.\end{aligned}$$

所以面积坐标函数对直角坐标的偏导数为

$$\begin{aligned}\frac{\partial z}{\partial x} &= \frac{1}{2S}\left(b_i\frac{\partial z}{\partial L_i} + b_j\frac{\partial z}{\partial L_j} + b_k\frac{\partial z}{\partial L_k}\right), \\ \frac{\partial z}{\partial y} &= \frac{1}{2S}\left(c_i\frac{\partial z}{\partial L_i} + c_j\frac{\partial z}{\partial L_j} + c_k\frac{\partial z}{\partial L_k}\right).\end{aligned}$$

因此, 双线性型中的积分关系式为

$$\begin{aligned}&\iint\limits_{\Delta(i,j,k)} G\left(L_i(x,y),L_j(x,y),L_k(x,y)\right)dxdy\\=&\iint\limits_{\Delta(i,j,k)}|J|\cdot G\left(L_i,L_j,1-L_i-L_j\right)dL_idL_j.\end{aligned}$$

这里 Jacobi 行列式 $|J|=\left|\dfrac{\partial(x,y)}{\partial(L_i,L_j)}\right|=\begin{vmatrix}\dfrac{\partial x}{\partial L_i} & \dfrac{\partial x}{\partial L_j}\\ \dfrac{\partial y}{\partial L_i} & \dfrac{\partial y}{\partial L_j}\end{vmatrix}=\begin{vmatrix}x_i-x_k & x_j-x_k\\ y_i-y_k & y_j-y_k\end{vmatrix}=2S.$

4.4 误差估计

4.4.1 偏微分方程的正则估计

引理 4.1[1] 若 $f\in L^2(I)$, 则 $u\in H^2(I)$, 并且满足 $\|u''\|_0\leqslant C\|f\|_0$.

4.4.2 H^1 范数下的误差估计

首先给出插值性质, 插值为 $u(x)\in H_0^1(I)$ 的分段插值函数, 如果它满足

$$u_I(x_i)=u\left(x_i\right),\quad i=1,\cdots,n.$$

当 $x\in I_i$ 时, 有

$$\begin{aligned}u_I(x)&=u_I(x_{i-1})N_0(\xi)+u_I(x_i)N_1(\xi)\\&=u(x_{i-1})N_0(\xi)+u(x_i)N_1(\xi),\end{aligned}$$

其中 $x=x_{i-1}N_0(\xi)+x_iN_1(\xi)$.

定理 4.1(插值性质) 若 u 和 u_h 分别为 (4-3) 式和 (4-4) 式的解, 则存在与 h 无关的正常数 C, 使得

$$\|u-u_I\|_0+h\|u-u_I\|_1\leqslant Ch^2\|u''\|_0. \tag{4-6}$$

证明 设 $u\in H^2(I)$, 则给出 $\|u-u_I\|_1$ 的估计.

令 $e(x)=u(x)-u_I(x),x\in I$. 由插值定义可得 $e(x_i)=0,i=1,2,\cdots,n$. 一方面, 有

$$e(x)=e(x_{i-1})+\int_{x_{i-1}}^x e'(t)dt=\int_{x_{i-1}}^x e'(t)dt,\quad \forall x\in I_i.$$

根据 Schwarz 不等式:

$$e(x) \leqslant \int_{x_{i-1}}^{x} |1 \cdot e'(t)|dt \leqslant \|1\|_{L^2(I_i)} \cdot \|e'\|_{L^2(I_i)} \leqslant h_i^{\frac{1}{2}} \|e'\|_{L^2(I_i)}.$$

那么

$$\begin{aligned}
\|e\|_{L^2(I_i)}^2 &= \int_{x_{i-1}}^{x} e^2 dx \\
&\leqslant \int_{x_{i-1}}^{x} h_i \|e'\|_{L^2(I_i)}^2 dx \\
&= h_i \|e'\|_{L^2(I_i)}^2 \int_{x_{i-1}}^{x} dx \\
&\leqslant h_i^2 \|e'\|_{L^2(I_i)}^2,
\end{aligned}$$

即

$$\|e\|_{L^2(I_i)} \leqslant h_i \|e'\|_{L^2(I_i)}.$$

另一方面, 由于 $e(x_{i-1}) = e(x_i) = 0$, 则根据罗尔中值定理可知: 存在 $\bar{x} \in I_i$, 使得 $e'(\bar{x}) = 0$ 成立.

而 $u_I \in X_h$ 在 I_i 中是线性的, 从而在区间 I_i 上有 $e'' = u''$. 因此有

$$e'(x) = e'(\bar{x}) + \int_{\bar{x}}^{x} e''(t)dt = \int_{\bar{x}}^{x} u''(t)dt.$$

同理可得

$$\|e'\|_{L^2(I_i)} \leqslant h_i \|u''\|_{L^2(I_i)}. \tag{4-7}$$

结合 $\|e\|_{L^2(I_i)}$ 的估计, 有

$$\|e\|_{L^2(I_i)} \leqslant h_i^2 \|u''\|_{L^2(I_i)}. \tag{4-8}$$

分别对 (4-7) 式和 (4-8) 式两边平方, 并且对 I_i, $i = 1, \cdots, n$ 求和相加, 可得

$$\sum_{i=1}^{n} (\|e\|_{L^2(I_i)}^2 + \|e'\|_{L^2(I_i)}^2) \leqslant \sum_{i=1}^{n} (h_i^2 + 1) h_i^2 \|u''\|_{L^2(I_i)}^2,$$

$$\sum_{i=1}^{n} \|e\|_{L^2(I_i)}^2 \leqslant \sum_{i=1}^{n} h_i^4 \|u''\|_{L^2(I_i)}^2.$$

进一步地,

$$\|e\|_0^2 \leqslant Ch^4\|u''\|_0^2.$$

即 (4-6) 式. □

进一步给出拟最佳逼近性质.

定理 4.2 (拟最佳逼近性质) 若 u 和 u_h 分别为 (4-3) 式和 (4-4) 式的解, 则存在与 h 无关的正常数 C, 使得

$$\|\nabla(u-u_h)\|_0 \leqslant C \inf_{\forall w_h \in X_h} \|\nabla(u-w_h)\|_0. \tag{4-9}$$

证明 通过 (4-3) 式减去 (4-4) 式, 可以得到

$$a(u-u_h, v_h) = 0, \quad \forall v_h \in X_h.$$

令 $v_h = w_h - u_h$, 则上式为

$$a(u-u_h, w_h-u_h) = 0.$$

进一步得

$$a(w_h-u_h, w_h-u_h) = a(w_h-u, w_h-u_h).$$

运用 Schwarz 不等式可得

$$\|\nabla(w_h-u_h)\|_0^2 \leqslant \|\nabla(w_h-u)\|_0\|\nabla(w_h-u_h)\|_0,$$

即

$$\|\nabla(w_h-u_h)\|_0 \leqslant \inf_{w_h \in X_h} \|\nabla(u-w_h)\|_0.$$

进一步由三角不等式可得

$$\begin{aligned}\|\nabla(u-u_h)\|_0 &\leqslant \|\nabla(u-w_h)\|_0 + \|\nabla(w_h-u_h)\|_0 \\ &\leqslant C \inf_{w_h \in X_h} \|\nabla(u-w_h)\|_0.\end{aligned}$$

□

注释 4.2 这里 w_h 可以选取插值 $u_I(x) \in X_h$.

定理 4.3 (收敛性) 若 u 和 u_h 分别为 (4-3) 式和 (4-4) 式的解, 则存在与 h 无关的正常数 C, 使得

$$\|u-u_h\|_1 \leqslant Ch\|u''\|_0. \tag{4-10}$$

证明 运用 (4-9) 式和 (4-6) 式即可得证. □

4.4.3 L^2 范数下的误差估计

定理 4.4　若 u 和 u_h 分别为 (4-3) 式和 (4-4) 式的解, 则存在与 h 无关的正常数 C, 使得

$$\|u-u_h\|_0 \leqslant Ch^2\|u''\|_0. \tag{4-11}$$

证明　首先引入辅助变分问题[10], 也称对偶变分问题, 即求解 $w \in H_0^1(I) \cap H^2(I)$ 使得

$$a(v,w)=(u-u_h,v), \quad \forall v \in H_0^1(I) \tag{4-12}$$

且满足

$$\|w\|_2 \leqslant C\|u-u_h\|_0. \tag{4-13}$$

特取 $v=u-u_h$, 运用正交投影性质, 有

$$\begin{aligned}\|u-u_h\|_0^2 &= (u-u_h,u-u_h)\\ &= a(u-u_h,w)\\ &= a(u-u_h,w-w_I).\end{aligned}$$

由于双线性泛函的有界性 $a(u,v) \leqslant M\|u\|_1\|v\|_1$, 则

$$\|u-u_h\|_0^2 \leqslant M\|w-w_I\|_1 \cdot \|u-u_h\|_1,$$

这里 M 为与 u, v 无关的正常数.

根据插值误差估计 (4-6) 式与 H^1 范数的误差估计 (4-10) 式, 可以得到

$$\begin{aligned}\|u-u_h\|_0^2 &\leqslant M\|w-w_I\|_1 \cdot \|u-u_h\|_1\\ &\leqslant Ch^2\|w''\|_0 \cdot \|u''\|_0.\end{aligned}$$

最后, 根据正则估计 (4-13), 有

$$\|u-u_h\|_0^2 \leqslant Ch^2\|u-u_h\|_0 \cdot \|u''\|_0.$$

进一步可得 (4-11) 式. □

参 考 文 献

[1] Quarteroni A. Numerical Models for Differential Problems[M]. Milan: Springer-Verlag, 2009.

[2] 王烈衡, 许学军. 有限元方法的数学基础 [M]. 北京: 科学出版社, 2004.

[3] 章本照. 流体力学中的有限元方法 [M]. 北京: 机械工业出版社, 1986.

[4] 胡于进, 王璋奇. 有限元分析及应用 [M]. 北京: 清华大学出版社, 2009.

[5] Adams R A. Sobolev Spaces[M]. New York: Academic Press, 1975.

[6] Akin J E. Finite Elements for Analysis and Design[M]. London: Academic Press, 1994.

[7] Quarteroni A, Valli A. Numerical Approximation of Partial Differential Equations[M]. Berlin, Heidelberg: Springer, 1994.

[8] Strang G, Fix G J. An Analysis of the Finite Element Method[M]. Wellesley: Wellesley Cambridge Press, 1973.

[9] Ciarlet P G. The Finite Element Method for Elliptic Problems[M]. Amsterdam: Elsevier North Holland, 1978.

[10] Brenner S C, Scott L R . The Mathematical Theory of Finite Element Methods[M]. New York: Springer-Verlag, 1994.

第 5 章　泊松问题的其他数值方法

基于第 4 章有限元的分析, 我们在本章简要介绍其他与之相关的数值方法: 泊松问题的非协调有限元方法和有限体积元方法.

5.1　非协调有限元方法

前面几章, 我们主要研究了协调有限元即 $X_h \subset X$ 的情况. 本节我们主要研究非协调有限元. 由于非协调有限元的简单性, 非协调有限元大量应用于计算力学、结构工程等相关的流体和固体问题的研究中. 特别地, 对于四阶或高阶偏微分方程, 其优势更加明显. 详细的内容请参考 [1-4].

协调有限元空间 $X_h = \left\{v_h \in X \cap C^0(\Omega) \middle| v_h|_K \in P_1(K), K \in \mathscr{T}_h\right\}$ 完全不同于非协调有限元空间. 非协调有限元空间 $\mathrm{NX}_h \not\subset X$ 中相邻单位元之间可以不连续, 要求更低, 当然节点数会减少. 我们这里以线性非协调有限元为例, 其他的类型可参考 [1].

1. 线性非协调有限元空间的定义

定义 5.1　首先定义非协调有限元空间

$$\mathrm{NX}_h = \left\{v_h \in L^2(\Omega) \middle| v|_K \in P_1(K), v(m_{lj}) = v(m_{jl})\right\}.$$

2. 泊松问题非协调有限元方法

由定义可得, 关于泊松问题的非协调有限元变分形式: 求解 $u_h \in \mathrm{NX}_h \not\subset X$, 使得满足

$$a_h(u_h, v_h) = \langle f, v_h\rangle, \quad \forall v_h \in \mathrm{NX}_h. \tag{5-1}$$

这里双线性形式 $a_h(\cdot,\cdot)$ 定义为

$$a_h(u_h, v_h) = \sum_{K_j \in \mathscr{T}_h} a(u_h|_{K_j}, v_h|_{K_j})$$

$u_h \in H^1(K)$ 表示积分限制在区域 K 上. 相应地, 其范数形式为分片能量参数:

$$|w|_{1,h} = \sqrt{a_h(w,w)}, \quad w \in H^1(K), \quad K \in \mathscr{T}_h.$$

3. 解的存在唯一性

由于双线性形式满足连续性和强制性

$$|a_h(u_h, v_h)| \leqslant C_1\|u_h\|_{1,h}\|v_h\|_{1,h}, \quad \forall u_h, v_h \in \mathrm{NX}_h,$$

$$|a_h(u_h, v_h)| \geqslant C_2\|v_h\|_{1,h}^2, \quad \forall v_h \in \mathrm{NX}_h,$$

则泊松方程 (4-2) 存在唯一解.

4. 收敛性定理

引理 5.1 (第二 Strang 引理) u 和 u_h 分别是方程 (4-2) 和 (5-1) 式的解, 则有

$$\|u - u_h\|_{1,h} \leqslant C\left(\inf_{v_h \in \mathrm{NX}_h}\|u - v_h\|_{1,h} + \sup_{z_h \in \mathrm{NX}_h}\frac{|a_h(u, z_h) - \langle f, z_h\rangle|}{\|z_h\|_{1,h}}\right). \tag{5-2}$$

证明 对于 $\forall w_h \in \mathrm{NX}_h$, 则有

$$\begin{aligned}\|u_h - w_h\|_{1,h}^2 &= a_h(u_h - w_h, u_h - w_h)\\ &= a_h(u - w_h, u_h - w_h) + a_h(u_h - u, u_h - w_h)\\ &= a_h(u - w_h, u_h - w_h) + a_h(u_h, u_h - w_h) - a_h(u, u_h - w_h)\\ &\leqslant C\|u - w_h\|_{1,h}\|u_h - w_h\|_{1,h} + \langle f, u_h - w_h\rangle - a_h(u, u_h - w_h).\end{aligned}$$

由此可得

$$\|u_h - w_h\|_{1,h} \leqslant C\inf_{v_h \in \mathrm{NX}_h}\|u - v_h\|_{1,h} + \sup_{z_h \in \mathrm{NX}_h}\frac{\langle f, z_h\rangle - a_h(u, z_h)}{\|z_h\|_{1,h}}. \tag{5-3}$$

由三角不等式和 (5-3) 式可得 (5-2) 式. □

注释 5.1 当使用协调有限元时, (5-2) 式退化为第一 Strang 引理:

$$\|u - u_h\|_1 \leqslant C\inf_{v_h \in X_h}\|u - v_h\|_1,$$

这里 u 和 u_h 分别是方程 (4-2) 和 (4-4) 式的解.

注释 5.2 协调有限元时, 若 $w_h \in X_h \subset \mathrm{NX}_h \cap C^0(\Omega)$, 则有

$$\begin{aligned}a_h(u, w_h) &= \sum_{K \in \mathscr{T}_h}\langle \nabla u, \nabla w_h\rangle\\ &= \sum_{K \in \mathscr{T}_h}\left[-\langle \Delta u, w_h\rangle + \left\langle \frac{\partial u}{\partial n}, w_h\right\rangle\right]\end{aligned}$$

$$= -\langle \Delta u, w_h \rangle$$

$$= \langle f, w_h \rangle,$$

这里 $w_h \in H_0^1(\Omega)$ 空间, 所以 w_h 在 Ω 边界为 0, 在内部边界上连续, 所以 $\left\langle \frac{\partial u}{\partial n}, w_h \right\rangle = 0$.

注释 5.3　协调有限元时相容性误差

$$\frac{|a_h(u, w_h) - \langle f, w_h \rangle|}{\|w_h\|_{1,h}} = 0.$$

此为非协调有限元与协调有限元之间的区别.

定理 5.1　u 和 u_h 分别是方程 (4-2) 和 (5-1) 式的解, 则有

$$\|u - u_h\|_{1,h} \leqslant Ch\|u\|_2. \tag{5-4}$$

证明　由于

$$(f, z_h) - a_h(u, z_h) = (f, z_h) - \sum_{K \in \mathscr{T}_h} \left[\left\langle \frac{\partial u}{\partial n}, z_h \right\rangle - (\Delta u, z_h) \right] \tag{5-5}$$

$$= \sum_{K \in \mathscr{T}_h} \left\langle \frac{\partial u}{\partial n}, z_h \right\rangle. \tag{5-6}$$

我们定义内边界 $\partial K \in \mathscr{T}_h$ 上的算子: $\bar{z}_h = \dfrac{1}{|\partial K|} \displaystyle\int_{\partial K} z_h ds$ 且满足

$$\int_{\partial K} (z_h - \bar{z}_h) ds = 0. \tag{5-7}$$

注意到 $\bar{z}_h$ 为 K 上的常数, 在每个内边界上出现两次并相互抵消, 进一步可得

$$\sum_{K \in \mathscr{T}_h} \left\langle \frac{\partial u}{\partial n}, z_h \right\rangle = \sum_{K \in \mathscr{T}_h} \left\langle \frac{\partial u}{\partial n}, z_h - \bar{z}_h \right\rangle \tag{5-8}$$

$$= \sum_{K \in \mathscr{T}_h} \left\langle \frac{\partial u}{\partial n} - \frac{\partial \pi u}{\partial n}, z_h - \bar{z}_h \right\rangle, \tag{5-9}$$

这里 π 将 L^2 的元素投影到分片常数空间.

我们注意到: 由 Cauchy-Schwarz 不等式和迹不等式可得

$$\left| \sum_{K \in \mathscr{T}_h} \left\langle \frac{\partial u}{\partial n} - \frac{\partial \pi u}{\partial n}, z_h - \bar{z}_h \right\rangle \right| \leqslant C \left(h \sum_K \|u\|_{2,K}^2 \right)^{1/2} \left(h \sum_K \|z_h\|_{1,K} \right)^{1/2} \tag{5-10}$$

$$\leqslant Ch\|u\|_2\|z_h\|_{1,h}. \tag{5-11}$$

由于 $v_h \in X_h \subset \mathrm{NX}_h$, 注意到协调有限元是非协调有限元的子空间, 由协调有限元性质可得

$$\inf_{v_h \in \mathrm{NX}_h} \|u - v_h\|_{1,h} \leqslant Ch\|v\|_2. \tag{5-12}$$

结合 (5-2) 式、(5-11) 式和 (5-12) 式可得 (5-4) 式. □

为了给出 L^2 误差, 类似地引入对偶变分问题: 求解 $w \in H_0^2(\Omega)$ 使得

$$-\Delta w = u - u_h, \quad 在\ \Omega\ 上, \tag{5-13}$$

$$w = 0, \quad 在\ \partial\Omega\ 上, \tag{5-14}$$

且满足

$$\|w\|_2 \leqslant C\|u - u_h\|_0. \tag{5-15}$$

定理 5.2 u 和 u_h 分别是方程 (4-2) 和 (5-1) 式的解, 则有

$$\|u - u_h\|_0 \leqslant Ch^2\|u\|_2. \tag{5-16}$$

证明 给 (4-2) 两边乘以 $v_h \in \mathrm{NX}_h$, 然后在每个单元 K 上求积分并相加可得

$$a_h(u, v_h) - \sum_K \left\langle \frac{\partial u}{\partial n}, v_h \right\rangle = \langle f, v_h \rangle, \quad \forall v_h \in \mathrm{NX}_h. \tag{5-17}$$

将 (5-17) 与 (5-1) 相减可得

$$a_h(u - u_h, v_h) = \sum_K \left\langle \frac{\partial u}{\partial n}, v_h \right\rangle. \tag{5-18}$$

另外, 设 $u - u_h = e$, 给 (5-13) 两边同时乘以 e, 在整个 $K \in \mathscr{T}_h$ 积分并求和, 可得

$$\|e\|_0^2 = a_h(w, e) - \sum_K \left\langle \frac{\partial u}{\partial n}, e \right\rangle. \tag{5-19}$$

在 (5-18) 中取 $v_h = w_I$, 将 (5-19) 与 (5-18) 相减, 可得

$$\begin{aligned}\|e\|_0^2 &= a_h(w - w_I, e) + \sum_K \left\langle \frac{\partial u}{\partial n}, w_I \right\rangle - \sum_k \left\langle \frac{\partial w}{\partial n}, e \right\rangle \\ &= a_h(w - w_I, e) - \left\langle \frac{\partial u}{\partial n}, w_I - w \right\rangle - \left\langle \frac{\partial w}{\partial n}, e \right\rangle.\end{aligned}$$

注意到

$$
\begin{aligned}
|a_h(w-w_I,e)| &\leqslant Ch\|w\|_2\|e\|_{1,h} \leqslant Ch^2\|u\|_2\|w\|_2,\\
\left|\sum_K\left\langle\frac{\partial u}{\partial n},w_I-w\right\rangle\right| &\leqslant Ch\|u\|_2\|w-w_I\|_{1,h} \leqslant Ch^2\|u\|_2\|w\|_2.
\end{aligned}
$$

同理

$$
\left|\sum_K\left\langle\frac{\partial u}{\partial n},e\right\rangle\right| \leqslant Ch\|e\|_{1,h}\|w\|_2 \leqslant Ch^2\|u\|_2\|w\|_2.
$$

将这些估计与 (5-1) 结合, 并利用 (5-15) 可得 (5-26). 这里第二个等号是由于 $w\in H^2(\Omega)$ 在内部的交界面出现两次, 符号相反可以抵消. 进一步由 (5-12) 和 (5-4) 可得 (5-26). □

5.2　有限体积元方法

有限体积元方法是流体计算中比较流行的方法, 与有限元相比能够保证物理守恒, 与有限差分相比能够逼近复杂的区域, 在理论上又能继承有限元的完善理论[4, 7-9].

关于三角剖分 $\mathscr{T}_h$, $\mathcal{P}$ 包含所有内节点的集合; N 表示总体的节点数. 为了阐述有限体积元方法, 介绍基于剖分 $\mathscr{T}_h$ 的对偶单元 $\tilde{K}$: 对于每个单元 $K\in K_h$ 的节点 P_j, $j=1,2,3$, 连接其重心 O 和内边界的中点 M_j 构成控制体积 (图 5-1).

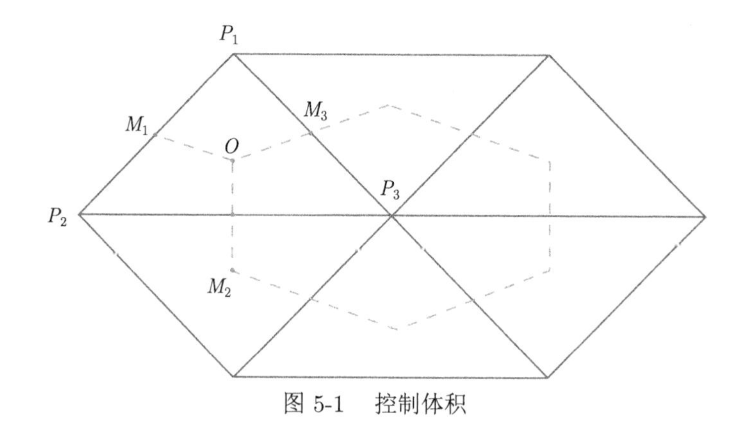

图 5-1　控制体积

首先, 给出对偶有限元空间定义

$$
\tilde{X}_h=\left\{\tilde{v}\in\left[L^2(\Omega)\right]^2:\tilde{v}|_{\tilde{K}}\in[P_0(\tilde{K})]^2,\ \ \forall\tilde{K}\in\tilde{K}_h,\ \tilde{v}|_{\partial\Omega}=0\right\}.
$$

明显地, X_h 和 $\tilde{X}_h$ 具有相同的维数. 因此, 存在一个逆线性投影: $\Gamma_h : X_h \to \tilde{X}_h$, 对于

$$v_h(x) = \sum_{j=1}^{N} v_j \phi_j(x), \quad x \in \Omega, \quad v_h \in X_h, \tag{5-20}$$

满足

$$\Gamma_h v_h(x) = \sum_{j=1}^{N} v_j \chi_j(x), \quad x \in \Omega, \quad v_h \in X_h, \tag{5-21}$$

这里 $v_j = v_h(P_j)$, $\{\phi_j\}$ 表示有限元空间 X_h 的基. $\{\chi_j\}$ 表示对偶空间 $\tilde{X}_h$ 的基函数, 即为相应对偶单元 $\tilde{K}_h$ 上的特征函数:

$$\chi_j(x) = \begin{cases} 1, & x \in \tilde{K}_j \in \tilde{K}_h, \\ 0, & \text{其他}. \end{cases} \tag{5-22}$$

上述 Petrov-Galerkin 方法的思想最早可见文献 [5, 8, 9] 对泊松问题的研究, 而且 Γ_h 满足下面的引理[8].

引理 5.2 对于 $K \in K_h$, 如果 $v_h \in X_h$ 且 $1 \leqslant r \leqslant \infty$, 则有

$$\int_K (v_h - \Gamma_h v_h) dx = 0,$$

$$\|v_h - \Gamma_h v_h\|_{L^r(K)} \leqslant C h_K \|v_h\|_{W^{1,r}(K)}, \tag{5-23}$$

这里 h_K 是有限元 K 的网格尺度.

给方程 (4-2) 第一式两边同时乘以 $\Gamma_h v_h \in \tilde{X}_h$ 并关于对偶单元 $\tilde{K} \in \tilde{K}_h$ 积分, 应用 Green 公式, 给出有限体积元方法的变分形式, 则关于定常 Stokes 方程新稳定有限体积元方法变分形式为: 求解 $\tilde{u}_h \in X_h$ 使得对于所有 $v_h \in X_h$ 满足

$$A(\tilde{u}_h, \Gamma_h v_h) = (f, \Gamma_h v_h), \tag{5-24}$$

这里

$$A(\tilde{u}_h, \Gamma_h v_h) = -\sum_{i=1}^{N} \int_{\partial \tilde{K}_i} \frac{\partial u_h}{\partial n} \Gamma_h v_h ds$$

和

$$(f, \Gamma v_h) = \int_\Omega f \Gamma_h v_h dx.$$

下面证明在线性元的情形下, 有限元方法与有限体积元方法之间的等价性.

引理 5.3 基于双射投影 Γ_h 的定义, 我们有以下的等价性:

$$a(u_h, v_h) = A(u_h, \Gamma_h v_h). \tag{5-25}$$

证明 观察图 5-1 可得

$$\begin{aligned}
&A(u_h, \Gamma_h v_h)\\
=&-\sum_K \sum_{j=1}^N v_h(P_{j+1}) \int_{M_{j+1}P_{j+1}M_j} \frac{\partial u_h}{\partial n} ds\\
=&\sum_K \sum_{j=1}^N v_h(P_{j+1}) \int_{M_{j+1}P_{j+1}M_j} \frac{\partial u_h}{\partial n} ds + \sum_K \sum_{j=1}^N (\Delta u_h, v_h(P_{j+1}))_K\\
=&\sum_K \sum_{j=1}^N \int_{M_{j+1}P_{j+1}M_j} \Big(v_h(P_{j+1}) - v_h\Big) \frac{\partial u_h}{\partial n} ds + \sum_K \int \frac{\partial u_h}{\partial n} v_h ds\\
=&\sum_K \sum_{j=1}^N \int_{P_{j+1}M_jP_j} \Big(v_h(P_{j+1}) - v_h\Big) \frac{\partial u_h}{\partial n} ds + \sum_K (\Delta u_h, v_h)_K + \sum_K (\nabla u_h, \nabla v_h)_K.
\end{aligned}$$

由于 $\displaystyle\int_{\partial K} \big(v_h - \Gamma_h v_h\big) ds = 0$, 因此

$$\sum_K \sum_{j=1}^N \int_{P_{j+1}M_jP_j} \big(\Gamma_h v_h - v_h\big) \frac{\partial u_h}{\partial n} ds = 0.$$

由于 $\Delta u_h = 0$, 进一步可得

$$A(u_h, \Gamma_h v_h) = \sum_K (\nabla u_h, \nabla v_h)_K = a(u_h, v_h). \qquad \square$$

进一步可得关于泊松问题有限体积元方法的收敛性.

定理 5.3 u 和 $\tilde{u}_h$ 分别是方程 (4-2) 和 (5-24) 的解, 则有

$$\|u - \tilde{u}_h\|_0 + h\|u - \tilde{u}_h\|_1 \leqslant Ch^2 \|u\|_2. \tag{5-26}$$

证明 利用等价性 (5-25), 方程 (4-2) 减去 (5-24) 可得

$$a(u_h - \tilde{u}_h, v_h) = (f, v_h - \Gamma_h v_h). \tag{5-27}$$

取 $v_h = u_h - \tilde{u}_h = e_h$, 令 $\bar{f} = \dfrac{1}{K} \displaystyle\int_K f dx$, 则

$$a(e_h, e_h) = (f, e_h - \Gamma_h e_h) = \big(f - \bar{f}, e_h - \Gamma_h e_h\big). \tag{5-28}$$

利用 (5-23), 由于

$$\|f-\bar{f}\|_0 \leqslant Ch^i\|f\|_i, \quad i=0,1,$$

则由 (5-28) 式可得

$$\|e_h\|_1 \leqslant Ch^{i+1}\|f\|_i.$$

由三角不等式和有限元的误差结果可得

$$\|u-u_h\|_1 \leqslant \|u-u_h\|_1+\|u_h-\tilde{u}_h\|_1 \leqslant Ch(\|u\|_2+\|f\|_0)$$

和

$$\|u-u_h\|_0 \leqslant \|u-u_h\|_0+\|u_h-\tilde{u}_h\|_0 \leqslant Ch^2(\|u\|_2+\|f\|_1). \qquad \square$$

5.3 练　　习

1. 利用非协调有限元 NX_h 逼近两点边值问题 (3-24), 并给出相关的 H^1 和 L^2 误差分析.

2. 利用线性有限体积元逼近两点边值问题 (3-24), 并给出相关的 H^1 和 L^2 误差分析.

3. 试讨论线性协调、非协调有限元逼近泊松问题所得到的矩阵情况.

4. 试讨论线性协调有限元与对应的有限元和有限体积元逼近泊松问题所得到的矩阵情况.

参 考 文 献

[1] Ciarlet P G. The Finite Element Method for Elliptic Problems[M]. Amsterdam: Elsevier North-Holland, 1978.

[2] 王烈衡, 许学军. 有限元方法的数学基础 [M]. 北京: 科学出版社, 2004.

[3] Li J, Chen Z. A new local stabilized nonconforming finite element method for the Stokes equations[J]. Computing, 2008, 82: 157-170.

[4] Chen Z. Finite Element Methods and Their Applications[M]. Heidelberg, New York: Springer-Verlag, 2005.

[5] Bank R E, Rose D J. Some error estimates for the box method[J]. SIAM J. Numer. Anal., 1987, 24: 777-787.

[6] Li J, Chen Z. A new stabilized finite volume method for the stationary Stokes equations[J]. Adv. Comp. Math., 2009, 30: 141-152.

[7] Li J, Zhao X, Wu J. Study of stabilization of the lower order finite volume methods for the incompressible flows[J]. Acta Mathematica Sinica, 2013, 56: 56-68 (In Chinese).

[8] Li R, Zhu P. Generalized difference methods for second order elliptic partial differential equations (I)-triangle grids[J]. Numer. Math. J. Chinese Universities, 1982, 2: 140-152.

[9] Li R. Generalized difference methods for a nonlinear Dirichlet problem[J]. SIAM J. Numer. Anal., 1987, 24: 77-88.

[10] Li J, Lin X, Chen Z. Finite Volume Method for the Incompressible Navier-Stokes Equations[M]. Switzerland: Springer, 2022.

第 6 章　不可压缩 Navier-Stokes 问题有限元应用

本章主要研究不可压缩流 Navier-Stokes 方程问题. 我们主要利用 Galerkin 有限元方法来分析线性问题, 同时给出非定常问题的算法和相关结果[1,2,4-11].

6.1　定常 Stokes 问题

$$-\mu\Delta u+\nabla p=f,\quad 在\ \Omega\ 上, \tag{6-1}$$

$$\mathrm{div}u=0,\quad 在\ \Omega\ 上, \tag{6-2}$$

$$u=0,\quad 在\ \partial\Omega\ 上. \tag{6-3}$$

这里 $\Omega\subset R^d(d=2,3)$ 是有界凸多边形区域, $u=(u_1(x,y),u_2(x,y),\cdots,u_d(x,y))$ 表示流体速度, $p=p(x)$ 表示流体压力, f 表示体积力. (6-1) 表示动量方程, (6-2) 表示质量方程 (不可压缩条件), (6-3) 表示齐次 Dirichlet 边界条件.

6.1.1　方程的变分

(1) 连续变分方程: 求解 $(u,p)\in X\times M$.

对 (6-1) 两边同时乘以 $v\in X$, (6-2) 两边同时乘以 $q\in M$ 在 Ω 积分可得

$$-\mu(\Delta u,v)+(\nabla p,v)=(f,v),$$

$$(\mathrm{div}u,q)=0.$$

利用格林公式:

$$-\mu(\Delta u,v)=\mu(\nabla u,\nabla v)_\Omega-\langle\nabla u\cdot\boldsymbol{n}\cdot v\rangle_{\partial\Omega},$$

$$(\nabla p,v)=-(\mathrm{div}v,p)_\Omega+\langle v\cdot\boldsymbol{n}\cdot p\rangle_{\partial\Omega}.$$

由于 X 的定义, 上式中的边界均为零, 计算可得连续变分格式

$$a(u,v)-d(v,p)=(f,v),\quad \forall v\in X, \tag{6-4}$$

$$d(u,q)=0,\quad \forall q\in M, \tag{6-5}$$

这里

$$a(u,v)=\mu(\nabla u,\nabla v),$$

$$d(v,p) = (\mathrm{div} v, q).$$

为了方便分析, 我们定义双线性形式 $a(\cdot,\cdot)$, $d(\cdot,\cdot)$ 在 $d=2$ 时的计算形式.

定义 6.1 $X \times X$ 上的连续双线性型

$$\begin{aligned}
a(u,v) &= \mu(\nabla u : \nabla v) \quad (\forall u, v \in X) \\
&= \mu\left(\begin{bmatrix} \dfrac{\partial u_1}{\partial x} & \dfrac{\partial u_1}{\partial y} \\ \dfrac{\partial u_2}{\partial x} & \dfrac{\partial u_2}{\partial y} \end{bmatrix} : \begin{bmatrix} \dfrac{\partial v_1}{\partial x} & \dfrac{\partial v_1}{\partial y} \\ \dfrac{\partial v_2}{\partial x} & \dfrac{\partial v_2}{\partial y} \end{bmatrix}\right) \\
&= \mu\left(\frac{\partial u_1}{\partial x}\frac{\partial v_1}{\partial x} + \frac{\partial u_1}{\partial y}\frac{\partial v_1}{\partial y} + \frac{\partial u_2}{\partial x}\frac{\partial v_2}{\partial x} + \frac{\partial u_2}{\partial y}\frac{\partial v_2}{\partial y}\right).
\end{aligned}$$

定义 6.2 $X \times M$ 上的连续双线性型

$$\begin{aligned}
d(v,p) &= \mathrm{div}(v,p) \quad (\forall v, p \in X \times M) \\
&= \left(\frac{\partial v_1}{\partial x} + \frac{\partial v_2}{\partial y}, p\right) \\
&= \frac{\partial v_1}{\partial x} p + \frac{\partial v_2}{\partial y} p.
\end{aligned}$$

定义 6.3 $X \times X \times X$ 上的连续双线性型

$$\begin{aligned}
b(u,u,v) &= ((u,\nabla)u, v) + \frac{1}{2}((\mathrm{div} u)u, v) \\
&= \frac{1}{2}((u\cdot\nabla)u, v) - \frac{1}{2}((u\cdot\nabla)v, u), \quad \forall u, u, v \in X.
\end{aligned}$$

这里

$$\begin{aligned}
((u,\nabla)u, v) &= \begin{bmatrix} u_1 & u_2 \end{bmatrix} \begin{bmatrix} \dfrac{\partial u_1}{\partial x} & \dfrac{\partial u_2}{\partial x} \\ \dfrac{\partial u_1}{\partial y} & \dfrac{\partial u_2}{\partial y} \end{bmatrix} \begin{bmatrix} v_1 \\ v_2 \end{bmatrix} \\
&= \left(u_1\frac{\partial u_1}{\partial x} + u_2\frac{\partial u_1}{\partial y}\right)v_1 + \left(u_1\frac{\partial u_2}{\partial x} + u_2\frac{\partial u_2}{\partial y}\right)v_2.
\end{aligned}$$

注: 三维情况类似.

(2) 离散变分方程: 求解 $(u_h, p_h) \in X_h \times M_h$ 满足

$$a(u_h, v_h) - d(v_h, p_h) = (f, v_h), \quad \forall v_h \in X_h. \tag{6-6}$$

$$d(u_h, q_h) = 0, \quad \forall q_h \in M_h. \tag{6-7}$$

6.1.2 解的存在唯一性定理

对于变分形式, 我们首先证明其适定性.

定理 6.1 (inf-sup 条件) 存在正常数 β 使得

$$\sup_{v \in X} \frac{d(v,q)}{\|\nabla v\|_0} \geqslant \beta \|q\|_0, \quad \forall q \in M. \tag{6-8}$$

定理 6.2 (鞍点定理 saddle point theorem) 设 $a(\cdot,\cdot)$ 和 $d(\cdot,\cdot)$ 为 Hilbert 空间 $X \times X$ 和 $X \times M$ 上的有界和强制的双线性型, 则恒存在唯一的 $(u,p) \in X \times M$ 满足 (6-4)和(6-5).

进一步, 如果满足离散的 inf-sup 条件.

定理 6.3 (离散 inf-sup 条件) 存在正常数 β 使得

$$\sup_{v_h \in X_h} \frac{d(v_h,q_h)}{\|\nabla v_h\|_0} \geqslant \beta \|q_h\|_0, \qquad \forall q_h \in M_h. \tag{6-9}$$

由鞍点定理, 则我们可以得到离散变分问题(6-6)和(6-7)存在唯一解.

6.1.3 稳定性

定理 6.4 针对离散变分问题(6-6)和(6-7), 存在正常数 β,γ 使得

$$\|\nabla u_h\|_0 \leqslant \frac{\gamma\|f\|_0}{\mu}, \quad \|p_h\|_0 \leqslant 2\beta^{-1}\gamma\|f\|_0. \tag{6-10}$$

证明 先对 $\|\nabla u_h\|_0$ 进行估计, 将 (6-6) 和 (6-7) 相加可得

$$a(u_h,v_h) - d(v_h,p_h) + d(u_h,q_h) = (f,v_h),$$

取 $(v_h,q_h) = (u_h,p_h)$, 利用 Poincaré 不等式

$$\|v\|_0 \leqslant \gamma\|\nabla v\|_0. \tag{6-11}$$

我们可以得到

$$\begin{aligned} \mu\|\nabla u_h\|_0^2 &= (f,u_h) \\ &\leqslant \|f\|_0\|u_h\|_0 \\ &\leqslant \gamma\|f\|_0\|\nabla u_h\|_0. \end{aligned}$$

化简得到

$$\|\nabla u_h\|_0 \leqslant \frac{\gamma\|f\|_0}{\mu}.$$

下面进一步, 针对 $\|p_h\|_0$ 进行分析, 根据离散 inf-sup 条件, 利用 (6-6) 可得

$$\begin{aligned}\beta\|p_h\|_0 &\leqslant \sup_{v_h\in X_h}\frac{d(v_h,p_h)}{\|\nabla v_h\|_0}\\&\leqslant \sup_{v_h\in X_h}\frac{\mu a(u_h,v_h)-(f,v_h)}{\|\nabla v_h\|_0}\\&\leqslant \sup_{v_h\in X_h}\frac{\mu\|\nabla u_h\|_0\|\nabla v_h\|_0+\gamma\|f\|_0\|\nabla v_h\|_0}{\|\nabla v_h\|_0}\\&\leqslant \mu\|\nabla u_h\|_0+\gamma\|f\|_0.\\&\leqslant 2\gamma\|f\|_0.\end{aligned}$$

进一步得到

$$\|\,p_h\|_0\leqslant 2\beta^{-1}\gamma\|f\|_0.$$

□

6.1.4 收敛性

定理 6.5 存在正常数 $C>0$ 使得

$$\|\nabla(u-u_h)\|_0+\|p-p_h\|_0\leqslant Ch(\|u\|_2+\|p\|_1).\tag{6-12}$$

证明 在 (6-4), (6-5) 中取 $(v,q)=(v_h,q_h)$ 减去 (6-6)和(6-7), 可得

$$a(u-u_h,v_h)-d(v_h,p-p_h)+d(u-u_h,q_h)=0.\tag{6-13}$$

设 $I_hu-u_h=e_h\in X_h, J_hp-p_h=\eta_h\in M_h$, 取 $(v_h,q_h)=(e_h,\eta_h)$,

$$a(e_h,v_h)-d(v_h,p-J_hp+\eta_h)+d(e_h+u-I_hu,\eta_h)=-a(u-I_hu,v_n).$$

经化简可得

$$a(e_h,e_h)-d(e_h,p-J_hp)+d(u-I_hu,\eta_h)=-a(u-I_hu,e_n).\tag{6-14}$$

由 inf-sup 条件的等价条件, 选取合适的 I_h, 可使 $d(u-I_hu,\eta_h)=0$. 则由 Cauchy-Schwarz 不等式可得

$$\begin{aligned}\mu\|\nabla e_h\|_0^2&=d(e_h,p-J_hp)-a(u-I_hu,e_h)\\&\leqslant C\|\nabla e_h\|_0\|p-J_hp\|_0+\mu\|\nabla(u-I_hu)\|_0\|\nabla e_h\|_0,\end{aligned}$$

两边约分可得

$$\|\nabla e_h\|_0\leqslant C(\|\nabla(u-I_hu)\|_0+\|p-J_hp\|_0)\tag{6-15}$$

$$\leqslant Ch(\|u\|_2 + \|p\|_1). \tag{6-16}$$

在 (6-13) 取 $q_h = 0$, 由离散 inf-sup 条件可得: 存在 β 使得

$$\beta\|\eta_h\|_0 \leqslant \sup_{v_h \in X_h} \frac{d(v_h, \eta_h)}{\|\nabla v_h\|_0} \tag{6-17}$$

$$\leqslant \sup_{v_h \in X_h} \frac{a(u-u_h, v_h) - d(v_h, p - J_h p)}{\|\nabla v_h\|_0} \tag{6-18}$$

$$\leqslant \sup_{v_h \in X_h} \frac{\mu\|\nabla(u-u_h)\|_0\|\nabla v_h\|_0 + C\|\mathrm{div} v_h\|_0\|p - J_h p\|_0}{\|\nabla v_h\|_0} \tag{6-19}$$

$$\leqslant C\Big[\mu\|\nabla(u-u_h)\|_0 + \|p - J_h p\|_0\Big], \tag{6-20}$$

这里, 上式中最后一步用到了在 X 空间中 H^1 半范数与范数的等价性.

由三角不等式, 我们有

$$\|p - p_h\|_0 \leqslant \|p - J_h p\|_0 + \|\eta_h\|_0 \tag{6-21}$$

$$\leqslant \|p - J_h p\|_0 + C\Big[\mu\|\nabla(u-u_h)\|_0 + \|p - J_h p\|_0\Big] \tag{6-22}$$

$$\leqslant C\Big[\mu\|\nabla(u-u_h)\|_0 + \|p - J_h p\|_0\Big] \tag{6-23}$$

$$\leqslant Ch(\|u\|_2 + \|p\|_1). \tag{6-24}$$

□

定理 6.6 (u, p) 和 (u_h, p_h) 分别是方程 (6-4), (6-5) 和 (6-6), (6-7) 的解, 则有

$$\|u - u_h\|_0 \leqslant Ch(\|u\|_2 + \|p\|_1). \tag{6-25}$$

证明 考虑连续变分问题的辅助方程 (对偶问题): 求解 $(\Phi, \Psi) \in X \times M$ 满足

$$a(v, \Phi) + d(v, \Psi) - d(\Phi, q) = (u - u_h, v), \quad \forall (v, q) \in X \times M. \tag{6-26}$$

明显地, 由鞍点定理, 方程 (6-26) 存在唯一解, 且满足

$$\|\Phi\|_2 + \|\Psi\|_1 \leqslant C\|u - u_h\|_0. \tag{6-27}$$

设 $(e, \eta) = (u - u_h, p - p_h)$ 在 (6-13) 中取 $(v_h, q_h) = (I_h\Phi, J_h\Psi) \in X_h \times M_h$, 得到下列等式:

$$a(e, I_h\Phi) - d(I_h\Phi, \eta) + d(e, J_h\Psi) = 0. \tag{6-28}$$

在 (6-26) 中取 $(v,q)=(e,\eta)\in X\times M$, 得到下列等式:

$$a(e,\Phi)+d(e,\Psi)-d(\Phi,\eta)=(e,e). \tag{6-29}$$

由 (6-29) 减去 (6-28), 由正则性 (6-27) 可得

$$\begin{aligned}\|e\|_0^2&=a(e,\Phi-I_h\Phi)+d(e,\Psi-J_h\Psi)-d(\Phi-I_h\Phi,\eta)\\&\leqslant\mu\|\nabla e\|_0\|\nabla(\Phi-I_h\Phi)\|_0+C\|\mathrm{div}e\|_0\|\Psi-J_h\Psi\|_0+C\|\mathrm{div}(\Phi-I_h\Phi)\|_0\|\eta\|_0\\&\leqslant C(\|e\|_1+\|\eta\|_0)(\|\Phi-I_h\Phi\|_1+\|\Psi-J_h\Psi\|_0)\\&\leqslant Ch^2(\|u\|_2+\|p\|_1)(\|\Phi\|_2+\|\Psi\|_1)\\&\leqslant Ch^2(\|u\|_2+\|p\|_1)\|u-u_h\|_0.\end{aligned}$$

因此

$$\|u-u_h\|_0\leqslant Ch^2(\|u\|_2+\|p\|_0).$$

□

6.2 Navier-Stokes 问题

6.2.1 定常 Navier-Stokes 方程

$$-\mu\Delta u+\nabla p+(u\cdot\nabla)u=f,\quad 在\ \Omega\ 上, \tag{6-30}$$

$$\mathrm{div}u=0,\quad 在\ \Omega\ 上, \tag{6-31}$$

$$u=0,\quad 在\ \partial\Omega\ 上, \tag{6-32}$$

其中 $\Omega\subset R^d(d=2,3)$ 是有界凸多边形区域, $u=(u_1(x),u_2(x),\cdots,u_d(x))$ 表示流体速度, $p=p(x)$ 表示流体压力, f 表示体积力. 与 (6-1)和(6-3) 相比, 该方程为非线性的方程, 称为定常 Navier-Stokes 方程.

1. 方程的变分

求解 $(u,p)\in X\times M$ 使得对 $\forall(v,q)\in X\times M$ 满足

$$a(u,v)-d(v,p)+b(u,u,v)=(f,v), \tag{6-33}$$

$$d(u,q)=0. \tag{6-34}$$

解的存在唯一性可有双线性的连续性和强制性, 根据 Brouwer 不动点定理可得, (6-33)和(6-34) 存在唯一解.

2. 求解 Navier-Stokes 方程的迭代格式

由于 Navier-Stokes 方程是非线性问题, 我们需要利用迭代方法计算, 经典的迭代方法有以下三种方法.

1) 简单迭代格式

求解 $(u_h^n, p_h^n) \in X_h \times M_h$, 使之满足

$$a(u_h^n, v_h) - d(v_h, p_h^n) + d(u_h^n, q_h) + b(u_h^{n-1}, u_h^{n-1}, v_h) = (f, v_h),$$

$$\forall (v_h, q_h) \in X_h \times M_h.$$

2) Oseen 迭代格式

求解 $(u_h^n, p_h^n) \in X_h \times M_h$, 使之满足

$$a(u_h^n, v_h) - d(v_h, p_h^n) + d(u_h^n, q_h) + b(u_h^{n-1}, u_h^n, v_h) = (f, v_h),$$

$$\forall (v_h, q_h) \in X_h \times M_h.$$

3) 牛顿迭代格式

求解 $(u_h^n, p_h^n) \in X_h \times M_h$, 使之满足

$$a(u_h^n, v_h) - d(v_h, p_h^n) + d(u_h^n, q_h) + b(u_h^{n-1}, u_h^n, v_h) + b(u_h^n, u_h^{n-1}, v_h)$$

$$= (f, v_h) + b(u_h^{n-1}, u_h^{n-1}, v_h), \quad \forall (v_h, q_h) \in X_h \times M_h,$$

这里 u_h^n 表示第 n 步迭代的值, 取 Stokes 问题的解作为迭代格式的初值解, 即 $(u_h^0, p_h^0) \in X_h \times M_h$, 满足

$$a(u_h^0, v_h) - d(v_h, p_h^0) + d(u_h^0, q_h) = (f, v_h), \quad \forall (v_h, q_h) \in X_h \times M_h. \tag{6-35}$$

注释 6.1 这三种方法, 简单迭代格式计算简单; Oseen 迭代格式可计算较小黏性; 牛顿迭代格式由于具有二阶收敛性, 因此计算速度最快[3,5].

6.2.2 非定常 Navier-Stokes 方程

$$u_t - \mu \Delta u + \nabla p + (u \cdot \nabla) u = f, \quad \text{在 } \Omega \times [0, T] \text{ 上}, \tag{6-36}$$

$$\text{div} u = 0, \quad \text{在 } \Omega \times [0, T] \text{ 上}, \tag{6-37}$$

$$u = 0, \quad \text{在 } \partial\Omega \text{ 上}, \tag{6-38}$$

$$u(0) = u_0, \quad \text{在 } \Omega \text{ 上}. \tag{6-39}$$

这里所述的模型为非定常 Navier-Stokes 方程.

1. 连续变分方程

求解 $(u,p)\in X\times M$ 使得对 $\forall(v,q)\in X\times M$ 满足

$$(u_t,v)+a(u,v)-d(v,p)+b(u,u,v)=(f,v), \tag{6-40}$$

$$d(u,q)=0. \tag{6-41}$$

2. 空间离散变分方程

求解 $(u_h,p_h)\in X_h\times M_h$ 使得对 $\forall(v_h,q_h)\in X_h\times M_h$ 满足

$$(u_{th},v_h)+a(u_h,v_h)-d(v_h,p_h)+b(u_h,u_h,v_h)=(f,v_h), \tag{6-42}$$

$$d(u_h,q_h)=0, \tag{6-43}$$

其中 $u_{th}=\dfrac{\partial u_h}{\partial t}$.

3. 时间离散变分方程

对时间 $[0,T]$ 进行剖分, 其中 N 是正常数, 时间步长 $\Delta t=\dfrac{T}{N}$.

求解 $(u^{n+1},p^{n+1})\in X\times M, 0\leqslant n\leqslant N$ 使得对 $\forall(v,q)\in X\times M$ 满足

$$\left(\frac{u^{n+1}-u^n}{\Delta t},v\right)+a(u^{n+1},v)-d(v,p^{n+1})+b(u^{n+1},u^{n+1},v)=(f^{n+1},v), \tag{6-44}$$

$$d(u^{n+1},q)=0, \tag{6-45}$$

其中 $f^{n+1}=\displaystyle\int_{t_n}^{t_{n+1}}fdx$.

4. 全离散变分方程

1) 一阶时间精度的 Euler 隐式格式

求解 $(u_h^{n+1},p_h^{n+1})\in X_h\times M_h, 0\leqslant n\leqslant N$ 使得对 $\forall(v_h,q_h)\in X_h\times M_h$ 满足

$$\left(\frac{u_h^{n+1}-u_h^n}{\Delta t},v_h\right)+a(u_h^{n+1},v_h)-d(v_h,p_h^{n+1})+b(u_h^{n+1},u_h^{n+1},v_h)=(f^{n+1},v_h), \tag{6-46}$$

$$d(u_h^{n+1},q_h)=0. \tag{6-47}$$

在此, 我们完全可以按照 6.2.1 节的空间迭代方法来处理非线性项.

2) 二阶时间精度

这个格式是时间步三层推进格式, 首先取初值 $u_h^0=P_hu_0$, $(u_h^1,p_h^1)\in(X_h,M_h)$ 通过利用向后 Euler 格式求解方程: 对 $\forall(v_h,q_h)\in X_h\times M_h$,

$$(d_tu_h^1,v_h)+a(u_h^1,v_h)-d(v_h,p_h^1)+d(u_h^1,q_h)+b(u_h^0,u_h^0,v_h)=(f(t_1),v_h), \tag{6-48}$$

得到有限元解 $(u_h^n,p_h^n)\in X_h\times M_h$, $n=2,\cdots,N$, 对所有的 $(v_h,q_h)\in X_h\times M_h$, 有 Crank-Nicolson/Adams-Bashforth 方法

$$(d_tu_h^n,v_h)+a(\bar{u}_h^n,v_h)-d(v_h,p_h^n)+d(\bar{u}_h^n,q_h) \tag{6-49}$$

$$+\frac{3}{2}b(u_h^{n-1},u_h^{n-1},v_h)-\frac{1}{2}b(u_h^{n-2},u_h^{n-2},v_h)=(\bar{f}(t_n),v_h) \tag{6-50}$$

或

$$(d_tu_h^n,v_h)+a(\bar{u}_h^n,v_h)-d(v_h,p_h^n)+d(\bar{u}_h^n,q_h)+b(\bar{u}_h^{n-1},\bar{u}_h^{n-1},v_h) \tag{6-51}$$

$$+b(d_tu_h^{n-1},\bar{u}_h^{n-1},v_h)\tau+b(\bar{u}_h^{n-1},d_tu_h^{n-1},v_h)\tau+\frac{1}{4}b(d_tu_h^{n-1},d_tu_h^{n-1},v_h)\tau^2 \tag{6-52}$$

$$=(\bar{f}(t_n),v_h) \tag{6-53}$$

或 BDF2 方法

$$(D_tu_h^n,v_h)+a(u_h^n,v_h)-d(v_h,p_h^n)+d(u_h^n,q_h)+b(2u_h^{n-1}-u_h^{n-2},u_h^n,v_h)$$

$$=(f^{n+1},v_h), \tag{6-54}$$

这里

$$\bar{u}_h^n=\frac{1}{2}(u_h^n+u_h^{n-1}),\quad \bar{u}_h(t_n)=\frac{1}{2}(u_h(t_n)+u_h(t_{n-1})),\quad d_tu_h^n=\frac{1}{\tau}(u_h^n-u_h^{n-1}).$$

$$D_tu_h^n=\frac{1}{\tau}(3u_h^n-4u_h^{n-1}+u_h^{n-2}).$$

6.2.3 程序实现

首先, 利用 Stokes 问题的解作为初值.

1. 求解 $(u_h^0,p_h^0)\in(X_h,M_h)$ 满足 (6-35)

同时设置迭代停机标准. 设迭代指标为 $m=0,1,2,\cdots$, 两个迭代解的误差为

$$e^m=\sqrt{(u_h^m-u_h^{m-1})^2+(p_h^m-p_h^{m-1})^2}\quad (m=0,\ e^m=0),$$

当 e^m 小于给定非常小的 ϵ 值时, 程序停止迭代.

2. 非线性 Navier-Stokes 方程

(1) 定常 Navier-Stokes 方程的程序伪代码:

$$\textbf{Routine}: \tag{6-55}$$

$$[u_h^0, p_h^0]{=}\textbf{Stokes}(\mathcal{T}_h, f), \tag{6-56}$$

$$\textbf{while}\ (e^m > \epsilon)\ \textbf{do} \tag{6-57}$$

$$(u_h^m, p_h^m){\rightarrow}(u_h^{m-1}, p_h^{m-1}), \tag{6-58}$$

$$[u_h^m, p_h^m]{=}\textbf{NS}(J_h, u_h^{m-1}, p_h^{m-1}, f), \tag{6-59}$$

$$\textbf{end while} \tag{6-60}$$

(2) 非定常 Navier-Stokes 方程的程序伪代码:

$$\textbf{Routine}: \tag{6-61}$$

$$[u_h^0, p_h^0]{=}\textbf{Stokes}(\mathcal{T}_h, f), \tag{6-62}$$

$$\textbf{for}\ i = 0, 1, 2, \cdots, T/dt, \tag{6-63}$$

$$\textbf{while}\ (e^m > \epsilon)\ \textbf{do} \tag{6-64}$$

$$(u_h^m, p_h^m){\rightarrow}(u_h^{m-1}, p_h^{m-1}), \tag{6-65}$$

$$[u_h^m, p_h^m]{=}\textbf{NS}(\mathcal{T}_h, u_h^{m-1}, p_h^{m-1}, f), \tag{6-66}$$

$$\textbf{end while} \tag{6-67}$$

$$\textbf{end for} \tag{6-68}$$

6.3　Freefem 计算程序

1.Stokes 程序

```
int n = 3;
mesh Th = square(10*n, 10*n);
plot(Th, wait = 1);
fespace Xh(Th, P1b); Xh u1, u2, v1, v2;
fespace Mh(Th, P1); Mh p, q;
real cpu = clock();
real ru = 1;
func P = 10*(2*x-1)*(2*y-1);
func U1 = -x^2*(x-1)^2*y*(y-1)*(2*y-1);
func U2 = y^2*(y-1)^2*x*(x-1)*(2*x-1);
```

```
func Ux1 = -2*x*y*(2*y-1)*(x-1)^2*(y-1)-x^2*y*(2*x-2)*(2*y-1)*(y-1);
func Uy1 = -x^2*y*(2*y-1)*(x-1)^2 - x^2*(2*y-1)*(x-1)^2*(y-1) -
2*x^2*y*(x-1)^2*(y-1);
func Ux2 = x*y^2*(2*x-1)*(y-1)^2 + y^2*(2*x-1)*(x-1)*(y-1)^2 +
2*x*y^2*(x-1)*(y-1)^2;
func Uy2 = 2*x*y*(2*x-1)*(x-1)*(y-1)^2+x*y^2*(2*x-1)*(2*y-2)*(x-1);
func f1 = 40*y - 4*y*(2*y-1)*(x-1)^2*(y-1) -
4*x^2*y*(2*y-1)*(y-1) - 8*x*y*(2*x-2)*(2*y-1)*(y-1) - 20;
func f2 = 40*x+8*y^2*(x-1)*(y-1)^2+4*y^2*(2*x-1)*(y-1)^2+8*x*y^2*(y-1)^2
solve stokes([u1, u2, p], [v1, v2, q]) =
int2d(Th)(
dx(u1)*dx(v1) + dy(u1)*dy(v1) + dx(u2)*dx(v2)
+dy(u2)*dy(v2) + dx(p)*v1 + dy(p)*v2
+q*(dx(u1) + dy(u2)) - 1e-10*p*q)
-int2d(Th)(f1*v1 + f2*v2) + on(1, 2, 3, 4, u1 = 0, u2 = 0);
plot([u1, u2], p, value = 1, wait = 1, ps = "u.eps");
//outputtheL2-normandH1-norm
real L2err = sqrt(int2d(Th)((u1-U1)^2 + (u2-U2)^2))/sqrt(int2d(Th)(U1^2 +
U2^2));
real H1err = sqrt(int2d(Th)((dx(u1) - Ux1)^2 + (dy(u1) - Uy1)^2
+(dx(u2) - Ux2)^2 + (dy(u2) - Uy2)^2))/sqrt(int2d(Th)(Ux1^2 + Ux2^2 + Uy1^2 +
Uy2^2));
real pL2err = sqrt(int2d(Th)((p - P)^2))/sqrt(int2d(Th)(P^2));
cout << ru << "$&$" << clock() - cpu << "$&$" << L2err << "$&$" <<
H1err << "$&$" << pL2err << "$" << endl;
out << "------------------------------------
-----------------" << endl;
out << "n = " << n << endl;
out << "; L2err = " << L2err << "; H1err = "
<< H1err << "; pL2err = " << pL2err << "; cpu = " << clock() - cpu <<
endl;
```

2.Navier-Stokes 程序

(1) 牛顿迭代程序.

```
int n = 1;
mesh Th = square(10*n, 10*n);
```

```
fespace  Xh(Th, P1bc); Xhu1, u2, v1, v2, u01, u02;
fespace  Mh(Th, P1); Mhp, q;
real  ru = 0.5, epsi = 1.0e-6, iterror = 0, EXP = 1.0e-6;
plot(Th, wait = 1);
real  cpu = clock();
//macro
macro  Grad(u1, u2)[dx(u1), dy(u1), dx(u2), dy(u2)]//
macro  UgradV(u1, u2, v1, v2)[[u1, u2]' * [dx(v1), dy(v1)], [u1, u2]' * [dx(v2),
dy(v2)]]//
macro  div(u1, u2)(dx(u1) + dy(u2))//
funcP = 10 * (2 * x - 1) * (2 * y - 1);
func  U1 = 10 * x^2 * (x - 1)^2 * y * (y - 1) * (2 * y - 1);
func  U2 = -10 * x * (x - 1) * (2 * x - 1) * y^2 * (y - 1)^2;
func  Ux1 = 20*x*(x-1)^2*y*(y-1)*(2*y-1)+20*x^2*(x-1)*y*(y-1)*(2*y-1);
func  Uy1 = 10 * x^2 * (x - 1)^2 * (y - 1) * (2 * y - 1) + 10 * x^2 * (x - 1)^2 * y * (2 *
y - 1) + 20 * x^2 * (x - 1)^2 * y * (y - 1);
func  Ux2 = -10 * (x - 1) * (2 * x - 1) * y^2 * (y - 1)^2 - 10 * x * (2 * x - 1) * y^2 *
(y - 1)^2 - 20 * x * (x - 1) * y^2 * (y - 1)^2;
func  Uy2 = -20 * x * (x - 1) * (2 * x - 1) * y * (y - 1)^2 - 20 * x * (x - 1) * (2 *
x - 1) * y^2 * (y - 1);
funcf1 = -ru * (20 * (x - 1)^2 * y * (y - 1) * (2 * y - 1) + 80 * x * (x - 1) * y * (y -
1) * (2 * y - 1) + 20 * x^2 * y * (y - 1) * (2 * y - 1) + 20 * x^2 * (x - 1)^2 * (2 * y - 1) +
40 * x^2 * (x - 1)^2 * (y - 1) + 40 * x^2 * (x - 1)^2 * y) + 40 * y - 20;
func  f2 = -ru * (-20 * (2 * x - 1) * y^2 * (y - 1)^2 - 40 * (x - 1) * y^2 * (y - 1)^2 -
40 * x * y^2 * (y - 1)^2 - 20 * x * (x - 1) * (2 * x - 1) * (y - 1)^2 - 80 * x * (x - 1) *
(2 * x - 1) * y * (y - 1) - 20 * x * (x - 1) * (2 * x - 1) * y^2) + 40 * x - 20;
ofstream  out("NewtonNSru = 0.5.txt");
//solve  thestationaryNavier - Stokesequations//
int  number = 1;
solve  Stokes([u1, u2, p], [v1, v2, q]) =
int2d(Th)(ru * Grad(u1, u2)' * Grad(v1, v2) - div(v1, v2) * p//d(v, p)
+div(u1, u2) * q//d(u, q)
+epsi * p * q)
-int2d(Th)(f1 * v1 + f2 * v2)
+on(1, 2, 3, 4, u1 = 0, u2 = 0);
```

```
problem  NS([u1,u2,p],[v1,v2,q]) =
int2d(Th)(ru*Grad(u1,u2)'*Grad(v1,v2)
-div(v1,v2)*p+div(u1,u2)*q
+0.5*(UgradV(u01,u02,u1,u2)'*[v1,v2]-UgradV(u01,u02,v1,v2)'*[u1,u2])
+0.5*(UgradV(u1,u2,u01,u02)'*[v1,v2]-UgradV(u1,u2,v1,v2)'*[u01,u02])
+epsi*p*q)
-int2d(Th)(f1*v1+f2*v2
+0.5*(UgradV(u01,u02,u01,u02)'*[v1,v2]-UgradV(u01,u02,v1,v2)'*[u01,
u02]))
+int2d(Th,qft=qf2pT)(p*q)-int2d(Th,qft=qf1pT)(p*q)
+on(1,2,3,4,u1=0,u2=0);
//solve the stationary NS equations on the coarse mesh.//
iterror=0.5*EXP;
for  (number;number<20;number++)
{
u01=u1;u02=u2;
NS;
plot([u1,u2],p,wait=1);
iterror=sqrt(int2d(Th)((u01-u1)^2+(u02-u2)^2));
cout<<"number = "<<number<<";iterror = "<<iterror<<";
EXP"<<EXP<<endl;
if(iterror<EXP)break;
}
plot([u1,u2],p,wait=1);
//outputtheL2-normandH1-norm
real  L2err=sqrt(int2d(Th)((u1-U1)^2+(u2-U2)^2))/sqrt(int2d(Th)(U1^2+
U2^2));
real  H1err=sqrt(int2d(Th)((dx(u1)-Ux1)^2+(dy(u1)-Uy1)^2+(dx(u2)-
Ux2)^2+(dy(u2)-Uy2)^2))/sqrt(int2d(Th)(Ux1^2+Ux2^2+Uy1^2+Uy2^2));
real  pL2err=sqrt(int2d(Th)((p-P)^2))/sqrt(int2d(Th)(P^2));
cout<<ru<<"$&$"<<clock()-cpu<<"$&$"<<L2err<<"$&$"<<
H1err<<"$&$"<<pL2err<<"$"<<endl;
out<<"------------------------------------
------------------"<<endl;
out<<"n = "<<n<<endl;
```

```
out << "number = " << number << ";L2err = " << L2err << ";H1err = " << H1err << ";pL2err = " << pL2err << ";cpu = " << clock() - cpu << endl;
```

(2) Oseen 迭代程序.

```
ofstream out("OseenNSru=05.txt");
int n=1;
mesh Th=square(10*n,10*n);
fespace Xh(Th,P1bc);Xh u1,u2,v1,v2,u01,u02;
fespace Mh(Th,P);Mh p,q;
real ru=0.5,epsi=1.0e-6,iterror=0,EXP=1.0e-6;
plot(Th,wait=1);
real cpu=clock();
//macro
macro Grad(u1,u2)[dx(u1),dy(u1),dx(u2),dy(u2)]//
macro UgradV(u1,u2,v1,v2)[[u1,u2]'*[dx(v1),dy(v1)],[u1,u2]'*[dx(v2),dy(v2)]]//
macro div(u1,u2)(dx(u1)+dy(u2))//
func P=10*(2*x-1)*(2*y-1);
func U1=10*x^2*(x-1)^2*y*(y-1)*(2*y-1);
func U2=-10*x*(x-1)*(2*x-1)*y^2*(y-1)^2;
func Ux1=20*x*(x-1)^2*y*(y-1)*(2*y-1)+20*x^2*(x-1)*y*(y-1)*(2*y-1);
func Uy1=10*x^2*(x-1)^2*(y-1)*(2*y-1)+10*x^2*(x-1)^2*y*(2*y-1)+20*x^2*(x-1)^2*y*(y-1);
func Ux2=-10*(x-1)*(2*x-1)*y^2*(y-1)^2-10*x*(2*x-1)*y^2*(y-1)^2-20*x*(x-1)*y^2*(y-1)^2;
func Uy2=-20*x*(x-1)*(2*x-1)*y*(y-1)^2-20*x*(x-1)*(2*x-1)*y^2*(y-1);
func f1=-ru*(20*(x-1)^2*y*(y-1)*(2*y-1)+80*x*(x-1)*y*(y-1)*(2*y-1)+20*x^2*y*(y-1)*(2*y-1)+20*x^2*(x-1)^2*(2*y-1)+40*x^2*(x-1)^2*(y-1)+40*x^2*(x-1)^2*y)+40*y-20;
func f2=-ru*(-20*(2*x-1)*y^2*(y-1)^2-40*(x-1)*y^2*(y-1)^2-40*x*y^2*(y-1)^2-20*x*(x-1)*(2*x-1)*(y-1)^2-80*x*(x-1)*(2*x-1)*y*(y-1)-20*x*(x-1)*(2*x-1)*y^2)+40*x-20;
//solve the stationary Navier-Stokes equations//
int number=1;
```

```
solve  Stokes([u1, u2, p], [v1, v2, q]) =
int2d(Th)(ru * Grad(u1, u2)' * Grad(v1, v2)
-div(v1, v2) * p//d(v, p)
+div(u1, u2) * q//d(u, q)
+epsi * p * q)
-int2d(Th)(f1 * v1 + f2 * v2)
+on(1, 2, 3, 4, u1 = 0, u2 = 0);
problem  NS([u1, u2, p], [v1, v2, q]) =
int2d(Th)(ru * Grad(u1, u2)' * Grad(v1, v2)
-div(v1, v2) * p + div(u1, u2) * q + epsi * p * q
+0.5 * (UgradV(u01, u02, u1, u2)' * [v1, v2] - UgradV(u01, u02, v1, v2)' * [u1, u2]))
-int2d(Th)((f1 * v1 + f2 * v2))
+on(1, 2, 3, 4, u1 = 0, u2 = 0);
//solve  thestationaryNSequationsonthecoarsemesh.//
iterror = 0.5 * EXP;
for  (number; number < 20; number + +)
{
u01 = u1; u02 = u2;
NS;
plot([u1, u2], p, wait = 1);
iterror = sqrt(int2d(Th)((u01 - u1)^2 + (u02 - u2)^2)) * sqrt(int2d(Th)((dx(u01) -
dx(u1))^2 + (dy(u01) - dy(u1))^2 + (dx(u02) - dx(u2))^2 + (dy(u02) - dy(u2))^2));
cout << "number = " << number << "; iterror = " << iterror << ";
EXP" << EXP << endl;
if(iterror < EXP)break;
}
plot([u1, u2], p, wait = 1);
//outputtheL2 - normandH1 - norm
real  L2err = sqrt(int2d(Th)((u1 - U1)^2 + (u2 - U2)^2))/sqrt(int2d(Th)(U1^2 +
U2^2));
real  H1err = sqrt(int2d(Th)((dx(u1) - Ux1)^2 + (dy(u1) - Uy1)^2 + (dx(u2) -
Ux2)^2 + (dy(u2) - Uy2)^2))/sqrt(int2d(Th)(Ux1^2 + Ux2^2 + Uy1^2 + Uy2^2));
real  pL2err = sqrt(int2d(Th)((p - P)^2))/sqrt(int2d(Th)(P^2));
cout << ru << "$&$" << clock() - cpu << "$&$" << L2err << "$&$" <<
H1err << "$&$" << pL2err << "$" << endl;
```

$out << "--" << endl;$

$out << "n = " << n << endl;$

$out << "number = " << number << "; L2err = " << L2err << "; H1err = " << H1err << "; pL2err = " << pL2err << "; cpu = " << clock() - cpu << endl;$

参考文献

[1] Temam R. Navier-Stokes Equations: Theory and Numerical Analysis[M]. Providence: AMS Chelsea Publishing, 2001.

[2] Girault V, Raviart P A. Finite Element Method for Navier-Stokes Equations: Theory and Algorithms[M]. Berlin, Heidelberg, New York, Tokyo: Springer-Verlag, 1986.

[3] 李剑. 不可压缩流 Navier-Stokes 方程数值方法 [M]. 北京: 科学出版社, 2019.

[4] He Y, Li J. Numerical comparisons of time-space iterative method and spatial iterative methods for the stationary Navier-Stokes equations[J]. J. Comput. Phys., 2012, 231: 6790-6800.

[5] He Y, Li J. Convergence of three iterative methods based on the finite element discretization for the stationary Navier-Stokes equations[J]. Comp. Meth. Appl. Mech. Eng., 2009, 198: 1351-1359.

[6] Hecht F, LeHyaric A, Pironneau O. Freefem++ version 3.23. available online at http://www. freefem. org/, 2013.

[7] Heywood J G, Rannacher R. Finite-element approximations of the nonstationary Navier-Stokes problem. Part I: Regularity of solutions and second-order spatial discretization[J]. SIAM J. Numer. Anal., 1982, 19: 275-311.

[8] Heywood J G, Rannacher R. Finite-element approximation of the nonstationary Navier-Stokes problem part IV: Error analysis for second-order time discretization[J]. SIAM J. Numer. Anal., 1990, 27: 353-384.

[9] Li J, He Y. A stabilized finite element method based on two local Gauss integrations for the Stokes equations[J]. J. Comp. Appl. Math. 2008, 214: 58-65.

[10] Li J, He Y. A stabilized finite element method based on local polynomial pressure projection for the stationary Navier-Stokes equations[J]. J. Appl. Numer. Math., 2008, 58: 1503-1514.

[11] Li J, He Y, Chen Z. A new stabilized finite element method for the transient Navier-Stokes equations[J]. Comput. Methods Appl. Mech. Engrg., 2007, 197: 22-35.

第 7 章　修正的特征有限元方法

7.1　特征线方法

特征线方法是处理双曲型偏微分方程 (组) 的一种常用方法, 特别是对于一个时间变量和一个空间变量的一阶双曲型方程 (组), 该方法十分有效[1]. 下面以单个一阶线性双曲型方程为例, 叙述特征线的含义及方法.

单个一阶线性双曲型方程是指具有下述形式的一阶偏微分方程

$$u_t + a(t,x)u_x + b(t,x)u = f(t,x), \tag{7-1}$$

其中 a, b, f 是关于自变量 $(t,x) \in [0,\infty) \times R$ 的连续函数.

过上半平面 $R^+ \times R := \{(t,x)|t \geqslant 0, x \in R\}$ 上的任意一点 (t_0, x_0), 我们做一条通过该点的曲线, 该曲线由下述常微分方程的初值问题给出

$$\begin{cases} \dfrac{dx}{dt} = a(t, x(t)), \\ x|_{t=t_0} = x_0. \end{cases} \tag{7-2}$$

由常微分方程的一般理论可知, 上述初值问题有唯一解, 我们记之为 $x = \tilde{x}(t; t_0, x_0)$. 我们称曲线 $x = \tilde{x}(t; t_0, x_0)$ 为方程(7-1)过点 (t_0, x_0) 的特征线. 特别地, 过直线 $t = 0$ 上的每一点 α, 都可以做出一条 (且只有一条) 特征线 $x = \tilde{x}(t; 0, \alpha)$. 由常微分方程理论知, 这些特征线可以连续延拓到 $t \to \infty$ 或 $x \to \pm\infty$. 我们将所有这些特征线覆盖在上半平面 $R^+ \times R$ 上的子集称为直线 $t = 0$ 的影响区域, 记之为 D.

双曲型方程 (组) 的一个基本而重要的定解问题是它的初值问题, 初值问题又称为 Cauchy 问题, 以方程(7-1)为例, 求方程满足下述初值条件

$$u|_{t=0} = \phi(x)$$

的解, 其中 ϕ 是关于 $x \in R$ 的连续可微函数.

为简单起见, 我们假设 $a(t,x) = a_0$ 为常数, 于是由(7-2)知, 过点 $(0,\alpha)$ 的特征线为直线

$$x = a_0 t + \alpha.$$

我们记

$$U(t) = u(t, a_0 t + \alpha).$$

沿着该特征线, 由 (7-2), 方程 (7-1) 化为一个常微分方程

$$\frac{dU}{dt} = \frac{\partial u}{\partial t} + \frac{\partial u}{\partial x}\frac{dx}{dt} = \frac{\partial u}{\partial t} + a(t,x)\frac{\partial u}{\partial x} = -b(t,x)U(t) + f(t,x),$$

即

$$\frac{dU}{dt} + b(t, a_0 t + \alpha)U(t) = f(t, a_0 t + \alpha).$$

对该式积分, 注意到 $U(0) = u(0,\alpha) = \phi(\alpha)$, 我们有

$$U(t) = \phi(\alpha)\tilde{Q}(0) + \int_0^t f(t, a_0 t + \alpha)e^{\int_0^t b(\tau, a_0\tau+\alpha)d\tau}dt\tilde{Q}(\tau),$$

其中

$$\tilde{Q}(\tau) = e^{-\int_\tau^t b(s, a_0 s+\alpha)ds}.$$

注意到 $x = a_0 t + \alpha$, 从而

$$u(t,x) = U(t) = \phi(x - a_0 t)Q(0) + \int_0^t f(\tau, a_0\tau + x - a_0 t)d\tau Q(\tau),$$

其中

$$Q(\tau) = e^{-\int_\tau^t b(s, a_0 s + x - a_0 t)ds}.$$

注释 7.1　由于该方程是一阶线性微分方程, 故此处的积分使用了常微分方程中的常数变易法[2]. 首先回忆常数变易法, 对于一阶线性微分方程

$$a(x)\frac{dy}{dx} + b(x)y + f(x) = 0,$$

当 $a(x) \neq 0$ 时, $\frac{dy}{dx} = P(x)y + Q(x)$, 而 $\frac{dy}{dx} = P(x)y$ 的通解为 $y = ce^{\int P(x)dx}$, 其中 c 为任意常数. 那么我们假定原方程的解为 $y = c(x)e^{\int P(x)dx}$ 待定求解 $c(x)$, 那么

$$\frac{dy}{dx} = \frac{dc(x)}{dx}e^{\int P(x)dx} + c(x)P(x)e^{\int P(x)dx}$$

而

$$\frac{dy}{dx} = P(x)y + Q(x) = P(x)c(x)e^{\int P(x)dx} + Q(x).$$

两式作比较,

$$\frac{dc(x)}{dx} = Q(x)e^{-\int P(x)dx},$$

从而

$$c(x) = \int Q(x)e^{-\int P(x)dx}dx + \tilde{c}, \quad \text{其中 } \tilde{c} \text{ 为常数},$$

称该过程为求解一阶线性常微分方程的常数变易法.

对于待求解的常微分方程 (7-3), 我们经过变形可得

$$\frac{dU(t)}{dt} = -b(t, a_0t + \alpha)U(t) + f(t, a_0t + \alpha). \tag{7-3}$$

假设 $U(t) = c(t)e^{-\int_0^t b(\tau, a_0\tau+\alpha)d\tau}$, 那么

$$\frac{dU(t)}{dt} = \frac{dc(t)}{dt}e^{\int_0^t -b(\tau, a_0\tau+\alpha)d\tau} + c(t)(-b(t, a_0t + \alpha))e^{\int_0^t -b(\tau, a_0\tau+\alpha)d\tau} \tag{7-4}$$

$$= \frac{dc(t)}{dt}e^{\int_0^t -b(\tau, a_0\tau+\alpha)d\tau} - b(t, a_0t + \alpha)U(t). \tag{7-5}$$

由于 (7-3) 可得

$$\frac{dc(t)}{dt}e^{\int_0^t -b(\tau, a_0\tau+\alpha)d\tau} = f(t, a_0t + \alpha).$$

进一步由分离变量法可得

$$c(t) = \int_0^t f(t, a_0t + \alpha)e^{\int_0^t b(\tau, a_0\tau+\alpha)d\tau}d\tau + \tilde{c},$$

通过初值 $U(0) = \phi(\alpha)$ 确定 $\tilde{c} = \phi(\alpha)$.

7.2 非稳态 Navier-Stokes 方程的修正特征有限元方法

修正的特征有限元方法 (modified characteristic finite element method, MCFEM) 是在特征线方法与有限元方法结合的基础上, 对其进行修正得到的方法[3,5,6,9,10]. 该方法主要用于求解对流扩散方程、Burgers 方程及非稳态的不可压缩 Navier-Stokes 方程[4,7,8]. 下面以求解非稳态的不可压缩 Navier-Stokes 方程为例, 对该方法进行介绍.

7.2.1 非稳态 Navier-Stokes 方程

设 $\Omega \subset R^d$ ($d=2$ 或 $d=3$) 为有界开集, 其边界 Γ 为 Lipschitz 连续. 假设 $\Gamma=\Gamma_1\cup\Gamma_2$, 且 $\Gamma_1\cap\Gamma_2=\varnothing$, 如图 7-1. 非稳态的不可压缩 Navier-Stokes 方程如下.

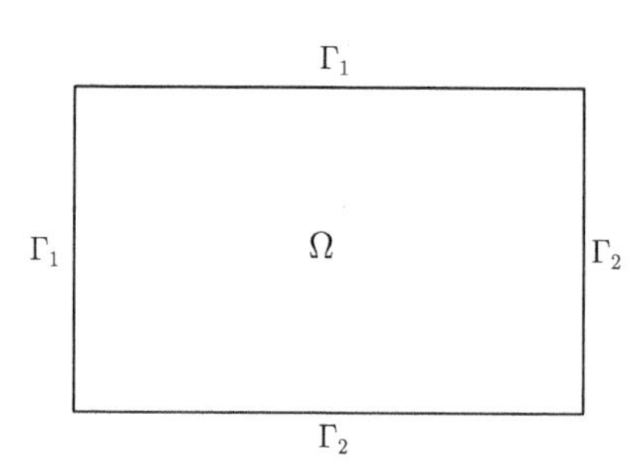

图 7-1　问题的求解区域

$$\begin{aligned} \frac{\partial u}{\partial t}-\nu\Delta u+u\cdot\nabla u+\nabla p=f, &\quad \text{在 } \Omega\times(0,T) \text{ 上}, \\ \nabla\cdot u=0, &\quad \text{在 } \Omega\times(0,T) \text{ 上}, \end{aligned} \tag{7-6}$$

初值条件

$$u(x,0)=u_0(x), \quad \text{在 } \Omega \text{ 上},$$

边值条件

$$\begin{aligned} u(x,t)=g_1(x,t), &\quad \text{在 } \Gamma_1\times[0,T) \text{ 上}, \\ -p\boldsymbol{n}+\nu\frac{\partial u}{\partial \boldsymbol{n}}=g_2(x,t), &\quad \text{在 } \Gamma_2\times[0,T) \text{ 上}, \end{aligned}$$

其中 $\boldsymbol{n}$ 为边界 Γ 的单位外法向量, $\bar{\Omega}=\Omega\cup\Gamma$, $u=(u_i)_{i=1}^d$ 为速度, p 为压力, ν 为动黏滞系数, $f=(f_i)_{i=1}^d$ 为体积力密度. 为了简单起见, 取 $g_1=0$. 定义 Hilbert 空间

$$X_{\Gamma_1}=:H^1_{0,\Gamma_1}(\Omega)=\{v\in H^1(\Omega)^d, v=0 \text{ 在 } \Gamma_1 \text{ 上}\}, \quad M=L^2_0(\Omega).$$

上述问题的变分形式为: 求 $u\in L^2(0,T;X_{\Gamma_1}), p\in L^2(0,T;M)$, 满足

$$\begin{aligned} (u_t,v)+a(u,v)+b(u,u,v)-d(v,p)=(f,v)+(g_2,v)_{\Gamma_2}, &\quad \forall v\in X_{\Gamma_1}, \\ d(u,q)=0, &\quad \forall q\in M, \\ u(0)=u_0, & \end{aligned}$$

其中 $a(u,v)=\nu(\nabla u,\nabla v), b(u,u,v)=(u\cdot\nabla u,v), d(v,p)=(p,\nabla\cdot v)$.

7.2.2 特征有限元离散

特征线方法的主要作用是将方程中的非线性项和带时间项组合在一起, 对于处理带时间的非线性问题具有极大的帮助. 通常情况下 u 的物质导数 $\dfrac{Du}{Dt}=\dfrac{\partial u}{\partial t}+u\cdot\nabla u$, 它表示流体粒子速度 u 的改变率. 若我们将速度 $u(x,t)$ 看作含参量 t 的函数, 那么 $\dfrac{Du(x(t),t)}{Dt}=\dfrac{\partial u}{\partial x}\dfrac{dx}{dt}+\dfrac{\partial u}{\partial t}$, 此时对照物质导数的定义式可得 $\dfrac{dx}{dt}=u$, 这就是通常情况下所说的原方程的特征方程 (可参照 7.1.1 节).

下面我们对该方程使用半离散的特征方法进行求解. 假设时间区间 $(0,T)$ 被均匀地分成 N 个时间段, 时间段 $[t_n,t_{n+1}](n=0,1,\cdots,N-1)$ 的区间长度为 Δt, 并且 $N\Delta t=T$. 对每个时间段 $[t_n,t_{n+1}]$, 沿流体粒子的运动轨迹按下面方式进行处理. $X(x,t_{n+1};t)$ 表示在 t_{n+1} 时刻到达点 x 的流体粒子在时刻 t 的位置, 那么流体粒子的运动轨线满足下面的方程

$$\begin{cases}\dfrac{dX}{dt}(x,t_{n+1};t)=u(X(x,t_{n+1};t),t),\\ X(x,t_{n+1};t_{n+1})=x.\end{cases}\tag{7-7}$$

注意到 $X(x,t_{n+1};t)$ 是粒子关于时刻 t 的位置函数, 其对应于算子 $(\partial/\partial t)+u\cdot\nabla$ 的特征曲线. 假设对 $\forall t\in[t_n,t_{n+1}]$, $u(\cdot,t)$ 满足方程 (7-7), 对该式两端在 $[t_n,t_{n+1}]$ 上进行积分, 那么我们有

$$X(x,t_{n+1};t_n)=x-\int_{t_n}^{t_{n+1}}u(X(x,t_{n+1};t),t)dt,$$

对积分项运用左矩形公式, 可得

$$\int_{t_n}^{t_{n+1}}u(X(x,t_{n+1};t),t)dt=u(X(x,t_{n+1};t_n),t_n)\Delta t\approx u(t_n)\Delta t,$$

从而

$$X(x,t_{n+1};t_n)\approx x-u(t_n)\Delta t:=\hat{x}.$$

因此我们有

$$(u_t+u\cdot\nabla u)|_{t=t_{n+1}}\approx\frac{u(t_{n+1})-\hat{u}(t_n)}{\Delta t},$$

其中

$$\hat{u}(t_n)=\begin{cases}u(\hat{x},t_n), & \hat{x}=x-u(t_n)\Delta t\in\Omega,\\ 0, & \text{其他}.\end{cases}$$

1. 半离散特征线格式

求 $(u^{n+1},\ p^{n+1}) \in X_{\Gamma_1} \times M$ 满足

$$\left(\frac{u^{n+1}-\hat{u}^n}{\Delta t}, v\right) + a(u^{n+1}, v) - d(p^{n+1}, \nabla \cdot v)$$

$$= (f(t_{n+1}), v) + (g_2(t_{n+1}), v)_{\Gamma_2}, \quad \forall v \in X_{\Gamma_1},$$

$$d(u^{n+1}, q) = 0, \quad \forall q \in M,$$

$$u(0) = u_0,$$

其中

$$\hat{u}^n = \begin{cases} u(\hat{x}, t_n), & \hat{x} = x - u^n \Delta t \in \Omega, \\ 0, & \text{其他}. \end{cases}$$

引入有限元空间 $X_{\Gamma_1}^h \subset X_{\Gamma_1}$, $M_h \subset M$, 并满足离散的 LBB (Ladyženskaja-Baduška-Brezzi) 条件. 那么有下面的修正特征有限元格式.

2. 修正特征有限元格式

求 $(u_h^{n+1}, p_h^{n+1}) \in X_{\Gamma_1}^h \times M_h$ 满足

$$\left(\frac{u_h^{n+1}-\hat{u}_h^n}{\Delta t}, v_h\right) + a(u_h^{n+1}, v_h) - d(v_h, p_h^{n+1})$$

$$= (f(t_{n+1}), v_h) + (g_2(t_{n+1}), v_h)_{\Gamma_2}, \quad \forall v_h \in X_h,$$

$$d(u_h^{n+1}, q_h) = 0, \quad \forall q_h \in M_h,$$

$$u_h^0 = P_h u_0,$$

其中 $u_h^{n+1} = u_h(t_{n+1})$, P_h 为 L^2 投影算子, 且

$$\hat{u}_h^n = \begin{cases} u_h(\hat{x}, t_n), & \hat{x} = x - u_h^n \Delta t, \\ 0, & \text{其他}. \end{cases}$$

7.3 练　　习

1. 尝试使用特征线方法求解下面的方程.

(1) $x_1 \dfrac{\partial u}{\partial x_1} + x_2 \dfrac{\partial u}{\partial x_2} = 2u, u(x_1, 1) = g(x_1)$.

(2) $u\dfrac{\partial u}{\partial x_1}+\dfrac{\partial u}{\partial x_2}=1, u(x_1,x_1)=\dfrac{1}{2}x_1.$

(3) $x_1\dfrac{\partial u}{\partial x_1}+2x_2\dfrac{\partial u}{\partial x_2}=3u, u(x_1,x_2,0)=g(x_1,x_2).$

2. 请使用特征线方法求解下面的偏微分方程:

$$u_t+b\cdot Du=f,\quad \text{在 } R^n\times(0,\infty) \text{ 上},$$

其中 $b\in R^n, f=f(x,t)$.

3. 请使用编程软件对本章 Navier-Stokes 方程的修正特征有限元方法进行编程.

参 考 文 献

[1] 姜礼尚, 孔德兴, 陈志浩. 应用偏微分方程讲义 [M]. 北京: 高等教育出版社, 2008.

[2] 丁同仁, 李承治. 常微分方程教程 [M]. 2 版. 北京: 高等教育出版社, 2004.

[3] Allievi A, Bermejo R. Finite element modified method of characteristics for the Navier-Stokes equations[J]. International Journal for Numerical Methods in Fluids, 2000, 32(4): 439-463.

[4] Benque J P, Labadie G, Ronat J. A new finite element method for Navier-Stokes equations coupled with a temperature equation[C]. Amsterdam: The Fourth International Symposium on Finite elements in Flow Problems, 1982: 295-302.

[5] Chen Z X. The Finite Element Method: Its Fundamentals and Applications in Engineering[M]. New Jersey: World Scientific, 2011.

[6] Chen Z X, Ewing R E, Jiang Q Y, et al. Error analysis for characteristics-based methods for degenerate parabolic problems[J]. SIAM Journal on Numerical Analysis, 2022, 40(4): 1491-1515.

[7] Girault V, Raviart P A. Finite Element Methods for Navier-Stokes Equations[M]. Berlin, Heidelberg, New York, Tokyo: Springer, 1986.

[8] Pironneau O. On the transport-diffusion algorithm and its applications to the Navier-Stokes equations[J]. Numerische Mathematik, 1982, 38(3): 309-332.

[9] Si Z Y, Wang J L, Sun W W. Unconditional stability and error estimates of modified characteristics FEMs for the Navier-Stokes equations[J]. Numerische Mathematik, 2016, 134(1): 139-161.

[10] Si Z Y, Wang Y X, Li S S. Decoupled modified characteristics finite element method for the time dependent Navier-Stokes/Darcy problem[J]. Mathematical Methods in the Applied Sciences, 2014, 37(9): 1392-1404.

第 8 章　随机不可压缩流问题全离散有限元方法

8.1　预 备 知 识

本章主要研究具有乘性噪声的时变随机 Stokes 方程的全离散混合有限元方法. 利用时间一阶精度的 Euler-Maruyama 方法进行时间离散, 在空间利用满足 inf-sup 条件的 Taylor-Hood 元逼近. 与以前的方法相比, 得到速度逼近和压力逼近 (以时间平均的方式), 建立了随机 inf-sup 条件, 并以一种非标准的方式将其用于以时间平均的方式获得压力近似的误差估计.

首先为了描述方便, 在研究区域 D 上, 我们给出下面的一些空间:

$$
\begin{aligned}
&X=[H_0^1(D)]^d, \quad D(A)=[H_0^2(D)]^d\cap V,\\
&M=L_0^2(D)=\{v\in L^2(D);\ (v,1)_D=0\},\\
&V=\{v\in X;\ \mathrm{div}v=0\in D\},\\
&\mathbb{X}=L^2(\Omega,X),\\
&\mathbb{M}=L^2(\Omega,M),\\
&X_h=\{v_h\in C(\overline{D});\ v_h|_K\in P_2(K)\},\\
&M_h=\{q_h\in C(\overline{D});\ q_h|_K\in P_1(K)\},\\
&\mathbf{X}_h=[X_h\cap H_0^1(D)]^d,\\
&\mathbf{M}_h=M_h\cap L_0^2(D),\\
&\mathbb{X}_h=L^2(\Omega,\mathbf{X}_h),\\
&\mathbb{M}_h=L^2(\Omega,\mathbf{M}_h).
\end{aligned}
$$

1. *流体力学*

流体力学是研究流体现象以及相关力学行为的科学. 主要研究流体本身的静止状态和运动状态, 以及流体和固体界壁间有相互运动时的相互作用和流动的规律. 它的研究对象随着生产的需要与科学的发展而不断地更新、深化和扩大. 它的基本任务是建立描述流体运动的基本方程, 确定流体经各种通道及绕流各种不同物体时速度、压强的分布规律, 探求能量转换及各种损失的计算方法, 并解决流体与限制其流动的固体壁之间的相互作用问题.

2. 噪声

噪声是不期望接收到的信号 (相对于期望接收到的信号而言). 根据噪声与信号之间的关系, 分为加性噪声和乘性噪声.

加性噪声是指噪声与信号存在与否无关, 是独立于信号之外的噪声, 而且是以叠加的形式对信号形成干扰的. 加性噪声分为两类, 其中第一类是通信系统的外部噪声, 这类噪声一部分是人为的, 如各种电器开关通断时产生的短脉冲; 另一部分是非人为的, 如雷电干扰、其他邻近通信系统的干扰、宇宙辐射等. 第二类是通信系统的内部噪声, 它主要包括通信设备中使用的电子元器件 (例如, 电阻和半导体元器件) 内部产生的热噪声和散粒噪声, 一般通信中把加性随机性看成是系统的背景噪声.

乘性噪声是信道特性随机变化引起的噪声, 它主要表现在无线电通信传输信道中, 例如电离层和对流层的随机变化引起信号不反应任何消息含义的随机变化, 而构成对信号的干扰. 这类噪声只有信号出现在上述信道中才表现出来, 它不会主动对信号形成干扰.

3. 维纳过程

维纳过程是一种连续时间随机过程, 由于与物理学中的布朗运动有密切关系, 也常被称为"布朗运动过程"或简称为布朗运动. 布朗运动用于建模驱动噪声过程.

(1) 若随机过程 $\{W(t), t \geqslant 0\}$ 满足

(i) $W(t)$ 是独立增量过程, 即 $W(0)=0$;

(ii) 对于所有的 $0 \leqslant s \leqslant t$, 增量 $W(t)-W(s)$ 服从 $N(0, t-s)$ 分布;

(iii) $W(t)$ 关于 t 是连续函数.

则 $\{W(t), t \geqslant 0\}$ 是维纳过程, 其中增量 $W(t)-W(s)$ 满足

$$f(x)=\frac{1}{\sqrt{2\pi}\sqrt{t-s}} \exp \left(-\frac{x^2}{2(t-s)}\right).$$

(2) 为了对随机项赋予意义, 我们定义 Hilbert 空间值 Q-维纳过程 W.

设 Q 是一个从 $L^2(D)$ 到自身的非负对称线性算子, 假设 Q 有一组特征值和特征函数 $(\lambda_j, q_j)_{(j \geqslant 1)}$ 使得 $(q_j)_{(j \geqslant 1)}$ 构成 $L^2(D)$ 的一组标准正交基, 其中 $(\beta_j(t); t \geqslant 0)_{(j \geqslant 1)}$ 是适应于 $\{\mathbb{F}_t\}$ 的独立同分布实值布朗运动 (维纳运动) 序列. 在 $\{\Omega, \mathbb{F}, \mathbb{F}_t, P\}$ 上定义 $[L^2(D)]^d$ 值 Q-维纳过程 $\{W(t); t \geqslant 0\}$,

$$W(\cdot, t)=\sum_{j=1}^{\infty} \sqrt{\lambda_j} q_j(\cdot) \beta_j(t). \tag{8-1}$$

4. 随机积分

用 $\mathbb{K} = L_0(L^2(D); [L^2(D)]^d)$ 表示从 $L^2(D)$ 到 $[L^2(D)]^d$ 的线性算子的 Banach 空间, 并且具有有限的 Hilbert-Schmidt 范数. 对于任何的 $1 < p < \infty$, 令 $M^p_{\mathbb{F}_t}(\Omega, L^p(0,T;\mathbb{K}))$ 是 Bochner 空间 $L^p(\Omega, L^p(0,T;\mathbb{K}))$ 的子空间, 其映射是 $\{\mathbb{F}_t\}$ 适应的. 即对于任何的 $\psi \in M^p_{\mathbb{F}_t}(\Omega, L^p(0,T;\mathbb{K}))$, $0 \leqslant t \leqslant T$ 上的随机积分 $\int_0^t \psi(s)dW(s)$ 被定义为 $[L^2(D)]^d$ 实值函数:

$$\left(\int_0^t \psi(s)dW(s), v\right) = \lim_{J\to\infty}\sum_{j=1}^{J}\sqrt{\lambda_j}\int_0^t (\psi(s)q_j, v)d\beta_j(s), \quad \forall v \in [L^2(D)]^d. \tag{8-2}$$

所以为了使 $B(\cdot,u)$ 在方程 (8-2) 中有意义, 则定义 $B(\cdot,u) \in M^p_{\mathbb{F}_t}(\Omega, L^p(0,T;\mathbb{K}))$.

5. 随机变量的收敛性

H 是 Hilbert 空间, X_n 是 Hilbert 值随机变量的序列, 我们说 X_n 在 $L^p(\Omega, H)$ 收敛到 $X \in H$, 即: 如果 $E[\|X_n - X\|^p] \to 0$, $n \to \infty$. 特别地, 当 $p = 2$ 时, 这被称为均方收敛.

6. Bochner 积分与空间

1) Bochner 积分

Bochner 积分是按 Lebesgue 积分方式定义的一种常用的向量值函数的积分, Bochner 积分是 Lebesgue 积分在向量值函数情形的直接推广.

设 $(\Omega, \mathbb{F}, P)$ 是完备的 σ 有限测度空间, $g(t)$ 是定义在 Ω 上而取值于 Banach 空间 G 的向量值函数.

(1) 若 $g(t)$ 是 Ω 上的可数值函数, 即 $\Omega = \bigcup_{k=1}^{\infty} A_k$, 而 A_k 是 Ω 中一列互不相交的可测集, $g(t) - g_k(t \in A_k, k = 1, 2, \cdots)$; 又 $\sum_{k=1}^{\infty}\|g_k\|\rho(A_k) < +\infty$, 则称 $g(t)$ 在 Ω 上是 Bochner 可积的, 即

$$\int_\Omega g(t)d\rho = \sum_{k=1}^{\infty} g_k\rho(A_k). \tag{8-3}$$

(2) 对于一般的强可测函数 $g(t)$, 若它是 Bochner 可积的可数值函数列 $g_n(t)$ 的关于 ρ 几乎处处强收敛的极限且 $\lim_{n\to\infty}\int_\Omega \|g(t) - g_n(t)\|d\rho = 0$, 则称 $g(t)$ 在 Ω

上是 Bochner 可积的, 即

$$\int_{\Omega} g(t)d\rho = \lim_{n\to\infty}\int_{\Omega} g_n(t)d\rho. \tag{8-4}$$

2) Bochner 空间

给定一个概率测度空间 $(\Omega,\mathbb{F},P)$, 定义 $L^1(P,F)$ 为所有 Bochner 可积向量值函数 $f:\Omega\to F$ 构成的线性空间. $L^1(P,F)$ 上范数定义为

$$\|f\|_1 = \int_{\Omega}\|f(w)\|dP(w),$$

这里 $f\in L^1(P,F)$, 它是一个 Banach 空间, 称为 Lebesgue-Bochner 空间.

7. $(\Omega,\mathbb{F},\mathbb{F}_t,P)$ 过滤概率测度空间

在随机事件中, 其中样本空间 Ω 是所有可能结果的集合, $\mathbb{F}$ 是 Ω 的子集 (Ω 的幂集的子集) 的集合. 形式上, 它是 σ-代数. P 称为概率, 或者概率测度.

1) σ-代数

给定集合 Ω, 那么 Ω 上的 σ-代数 $\mathbb{F}$ 是由 Ω 的某些子集构成的集族, 具有以下性质:

(1) $\varnothing\in\mathbb{F}$;

(2) $F^c\in\mathbb{F}$ 对于所有的 $F\in\mathbb{F}$;

(3) $\bigcup\limits_{f\in N} F_f\in\mathbb{F}$ 对于所有的 $F_f\in\mathbb{F}$.

2) 过滤 $\{\mathbb{F}_t, t\geqslant 0\}$

令 $(\Omega,\mathbb{F},P)$ 是一个概率测度空间. 过滤 $\mathbb{F}_t, t\geqslant 0$ 是指一族关于 $\mathbb{F}$ 的子 σ-代数, 并且它们是不断增加的, 即 $\mathbb{F}_s$ 是 $\mathbb{F}_t$ 的子 σ-代数, 对于 $s\leqslant t$.

3) $\{\mathbb{F}_t\}$ 适应

令 $(\Omega,\mathbb{F},\mathbb{F}_t,P)$ 是一个过滤概率测度空间, 如果随机变量 $X(t)$ 是 $\mathbb{F}_t$ 可测的, 对于 $t\in[0,T]$, 则称随机过程 $\{X(t):t\in[0,T]\}$ 是 $\{\mathbb{F}_t\}$ 适应的.

8. 黎曼积分、Lebesgue 积分、Itô 积分

1) 黎曼积分

设 f 是定义在 $[a,b]$ 上的一个函数, J 是一个确定的函数, 若对任给的正数 ε, 总存在某一正数 δ, 使得对 $[a,b]$ 的任何分割 T, 以及在其上任意选取的点集 ξ_i, 只要 $\|T\|<\delta$, 就有

$$\left|\sum_{i=1}^{n} f(\xi_i)\Delta x_i - J\right| < \varepsilon,$$

则称函数 f 在区间 $[a,b]$ 上可积或者黎曼可积; 数 J 称为 f 在 $[a,b]$ 上的定积分或者黎曼积分, 记作

$$J=\int_a^b f(x)dx,$$

其中 f 称为被积函数, x 称为积分变量, $[a,b]$ 称为积分区间.

2) Lebesgue 积分

(1) 非负简单函数的 Lebesgue 积分.

设 $E\subseteq R^n$ 为可测集, $\varphi(x)$ 为 E 上的一个非负简单函数, 即 E 表示为有限个互不相交的可测集 $E_1,E_2,\cdots,E_k$ 之并, 而在每个 E_i 上 $\varphi(x)$ 取非负常数值 c_i, 即 $\varphi(x)=\sum\limits_{i=1}^{k}c_i\mathbb{X}_{E_i}(x)$, 则 $\varphi(x)$ 在 E 上的 Lebesgue 积分定义为

$$\int_E \varphi(x)dx=\sum_{i=1}^{k}c_i mE_i.$$

(2) 非负可测函数的 Lebesgue 积分.

设 $E\subseteq R^n$ 为可测集, $f(x)$ 为 E 上的一个非负可测函数, $f(x)$ 在 E 上的 Lebesgue 积分定义为

$$\int_E f(x)dx=\sup\left\{\int_E \varphi(x)dx:\varphi(x)\text{ 是 }E\text{ 上的简单函数且 }x\in E,\ 0\leqslant\varphi(x)\leqslant f(x)\right\}.$$

显然 $0\leqslant\int_E f(x)dx\leqslant+\infty$, 若 $\int_E f(x)dx<+\infty$, 则称 $f(x)$ 在 E 上 Lebesgue 可积.

(3) 一般可测函数的 Lebesgue 积分.

设 $E\subseteq R^n$ 为可测集, $f(x)$ 为 E 上的一个可测函数, 令 $f^+(x)=\max(f(x),0)$, $f^-(x)=\max(-f(x),0)$, 则 f^+ 和 f^- 都是 E 上的非负可测函数, 当 $x\in E$ 时, $f^+(x)-f^-(x)=f(x), f^+(x)+f^-(x)=|f(x)|$.

若 $\int_E f^+(x)dx$ 和 $\int_E f^-(x)dx$ 中至少一个有限, 则称 f 在 E 上积分确定, 称

$$\int_E f(x)dx=\int_E f^+(x)dx-\int_E f^-(x)dx$$

为 f 在 E 上的 Lebesgue 积分, 记作 $\int_E f(x)dx$.

若 $\int_E f^+(x)dx$ 和 $\int_E f^-(x)dx$ 都有限，则称 f 在 E 上 Lebesgue 可积，简称 L 可积.

注释 8.1 区别与联系: 黎曼积分是将被积函数的定义域分割成有限多个小区间而产生的，而 Lebesgue 积分则是将函数的值域划分而产生的. Lebesgue 积分是为了弥补黎曼积分的不足，可以扩大可积函数类，降低逐项积分与交换积分顺序的条件. Lebesgue 积分拓广了黎曼积分的定义，使得可积性的条件要求减弱了，它断言可测集上的有界可测函数和单调函数必 Lebesgue 可积，这比黎曼积分中要求连续函数、单调函数的条件放松多了.

3) Itô 积分

Itô 积分的导出在物理现象中是用微分方程来描述其模型的，而建立微分方程是从导数定义出发，并可根据微分与积分的关系，建立相应的积分方程，但在随机环境下，由于不可预测的"消息"不断，并且表示现象动态性的等式是这些噪声的函数，这就无法定义一个有效的导数建立一个微分方程，因此在这样的条件下可以定义一个积分——Itô 积分. Itô 积分是用来定义随时间变化无法统计和不可预测的随机增量的总和.

定义 8.1 设 $T=[a,b]$, $X(t)(t\in T)$ 是随机过程, $W(t)$ 是维纳过程，对 $[a,b]$ 区间取一划分:

$$a=t_0<t_1<\cdots<t_n=b,$$

求和

$$\sum_{k=1}^{n} X(t_{k-1})(W(t_k)-W(t_{k-1})),$$

若无限细分时，此和式有唯一的均方极限，则称该极限为 $X(t)$ 在 T 上的 Itô 积分，记作

$$\int_a^b X(t)dW(t)=\lim_{n\to\infty}\sum_{k=1}^{n} X(t_{k-1})(W(t_k)-W(t_{k-1})).$$

9. Lipschitz 连续、Hölder 连续和一致连续

1) Lipschitz 连续

对于在实数集的子集上的函数 $f:D\subseteq R\to R$，若存在常数 L，使得 $|f(x)-f(y)|\leqslant L|x-y|$, $\forall x,y\in D$，则称 f 满足 Lipschitz 条件，L 称为 Lipschitz 常数. Lipschitz 连续可以定义在度量空间以及赋范向量空间上，Lipschitz 连续的一种推广称为 Hölder 连续.

2) Hölder 连续

Hölder 连续是刻画函数光滑程度的一个概念. 如果对函数 $f(x)$, 存在常数 $C>0$, 使得对任意的 $x,y\in R$, 有 $|f(x)-f(y)|\leqslant C|x-y|^{\alpha}$, 那么称函数 $f(x)$ 是 $\alpha\,(0\leqslant\alpha\leqslant1)$ 次 Hölder 连续的, 并且 α 为 Hölder 指数.

3) 一致连续

设函数 $f(x)$ 在区间 I 上有定义, 如果 $\forall\varepsilon>0, \exists\delta>0$, 使得对于在区间 I 上的任意两点 x_1,x_2, 当 $|x_1-x_2|<\delta$ 时 (参数 δ 仅与 ε 有关), 恒有 $|f(x_1)-f(x_2)|<\varepsilon$, 则称函数 $f(x)$ 在区间 I 上一致连续.

注释 8.2

$$\text{Lipschitz 连续} \Rightarrow \text{一致连续} \Rightarrow \text{连续}.$$

$$\text{Hölder 连续} \Rightarrow \text{一致连续}.$$

10. 度量空间、赋范线性空间、Banach 空间、Hilbert 空间

1) 度量空间

设 X 为一个集合, 一个映射 $d:X\times X\to R$, 若对于任何 $x,y,z\in X$, 有:

(i) $d(x,y)\geqslant0$, 且 $d(x,y)=0\Leftrightarrow x=y$;

(ii) $d(x,y)=d(y,x)$;

(iii) $d(x,z)\leqslant d(x,y)+d(y,z)$.

则称 d 为集合 X 的一个度量, 称偶对 (X,d) 为一个度量空间.

2) 赋范线性空间

设 X 是域 K(实数域或复数域) 上的线性空间, 函数 $\|\cdot\|:X\to R$ 满足条件:

(i) 对 $\forall x\in X, \|x\|\geqslant0$ 且 $\|x\|=0\Leftrightarrow x=0$;

(ii) 对 $\forall x\in X, a\in K$, 有 $\|ax\|=|a|\|x\|$;

(iii) 对 $\forall x,y\in X$, 有 $\|x+y\|\leqslant\|x\|+\|y\|$.

称 $\|\cdot\|$ 是 X 上的一个范数, X 上定义了范数 $\|\cdot\|$, 称为赋范线性空间, 记为 $(X,\|\cdot\|)$.

3) Banach 空间

设 x_n 是赋范线性空间 X 中的点列, $x\in X$, 如果

$$\|x_n-x\|\to0\quad(n\to\infty),$$

称 x_n 强 (或按范数) 收敛于 x, 记为 $x_n\to x\,(n\to0)$ 或 $\lim\limits_{n\to\infty}x_n=x$.

4) Hilbert 空间

设 H 是一个实的线性空间, 如果对 H 中的任何两个向量 x 和 y, 都对应着一个实数, 记为 (x,y), 满足下列条件:

(i) 对 H 中的任何两个向量 x 和 y, 有 $(x,y)=(y,x)$;

(ii) 对 H 中的任何三个向量 x,y,z 及实数 α,β, 有 $(\alpha x+\beta y,z)=\alpha(x,z)+\beta(y,z)$;

(iii) 对 H 中的一切向量 x, 均有 $(x,x)\geqslant 0$, 且 $(x,x)=0\Leftrightarrow x=0$.

则 (x,y) 称为 H 上的一个内积, 而 H 称为内积空间, 内积空间必是赋范线性空间. 如果内积空间 H 按范数 $\|x\|=\sqrt{(x,x)}$ 完备, 则称 H 为 Hilbert 空间.

注释 8.3 赋范线性空间是一种特殊的度量空间. 若赋范线性空间按强收敛是完备的, 则称它为 Banach 空间. 完备的内积空间是 Hilbert 空间.

8.2 随机 Stokes 问题

对于黏性不可压缩流体的时变随机 Stokes 方程

$$du=[\mu\Delta u-\nabla p+f]dt+B(\cdot,u)dW(\cdot)\in D_T=(0,T)\times D, \tag{8-5}$$

$$\mathrm{div}u=0\in D_T, \tag{8-6}$$

$$u=0\in\partial D_T=(0,T)\times\partial D, \tag{8-7}$$

$$u(0)=u_0\in D, \tag{8-8}$$

这里 $D\subset R^d(d=2,3)$ 是伴随边界的域, u 表示流体速度, p 表示流体压力, f 表示体积力. $(u,p)\in V\times W$, $B(\cdot,u)$ 是从 $[0,T]\times[H^1(D)]^d$ 到 $L_0(L^2(D),[L^2(D)^d])$ 的函数, 并且 $\{W(t);t\geqslant 0\}$ 是 $[L^2(D)]^d$ 值 Q-维纳过程. (8-5) 称为随机 Stokes 方程, 随机项 $B(\cdot,u)dW(\cdot)$ 通常称为噪声, 它向确定性的 Stokes 系统添加一个依赖解的源项. (8-6) 表示质量方程 (不可压缩条件), (8-7) 表示齐次 Dirichlet 边界条件.

1. 本书中假设 $B(\cdot,\cdot):[0,T]\times[L^2(D)]^2\to L^2(\Omega,\mathbb{K})$ 是 Hölder-Lipschitz 连续

对任何的 $v,w\in[L^2(D)]^d$, $s,t\in[0,T]$, 存在常数 $C_T>0$, 使得

$$\|B(s,v)-B(t,w)\|_{\mathbb{K}}\leqslant C_T[|s-t|^{\frac{1}{2}}+\|v-w\|_{L^2}], \tag{8-9}$$

并且在第二个参数中具有线性增长:

$$|B(t,v)|\leqslant C_T(1+\|v\|_{L^2}). \tag{8-10}$$

2. 随机 Stokes 问题的变分弱解定义[2]

假设 $u_0\in L^2(\Omega,V)$ 和 $f\in L^2(\Omega,L^\infty([0,T];[L^2(D)]^d))$, 如果 $(u,p)\in L^2(\Omega, L^\infty([0,T];[L^2(D)]^d)\cap L^2([0,T],X)\cap C(0,T;D(A)))\times L^2(\Omega,L^2(0,T;M))$ 一簇

$[\mathbb{F}_t]$ 适应的随机过程 $\{u(t),p(t)\};0\leqslant t\leqslant T$ 是方程 (8-5)—(8-8) 的弱解

$$(u(t),\Psi)+\int_0^t[a(u(s),\Psi)-d(\Psi,p(s))]\,ds$$

$$=(u_0,\Psi)+\int_0^t(f(s),\Psi)ds \tag{8-11}$$

$$+\left(\int_0^t B(s,u(s))dW(s),\Psi\right),\quad \forall\Psi\in X, \tag{8-12}$$

$$b(u,q)=0,\quad \forall q\in M, \tag{8-13}$$

这里双线性形式 $a(\cdot,\cdot)$ 和 $d(\cdot,\cdot)$ 定义与第 5 章意义相同.

3. 双线性形式 $b(v,q)$ 满足随机 inf-sup 定理[3,4]

定理 8.1　存在正常数 β 使得

$$\sup_{v\in\mathbb{X}}\frac{\mathbb{E}\big[b(v,q)\big]}{\|v\|_{\mathbb{X}}}\geqslant\beta\|q\|_{\mathbb{M}},\qquad \forall q\in\mathbb{M}. \tag{8-14}$$

4. 速度场 u 在各种空间范数中的 Hölder 连续性 (时间上)[5]

已知 (u,p) 是问题 (8-5)—(8-8) 的弱解, 并且假设

$$u\in L^2\left(\Omega,L^\infty(0,T;X\cap[H^2(D)]^d)\right),\quad \nabla u\in L^2(\Omega;C([0,T];[L^2(D)]^d)),$$

则有以下结果:

$$\mathbb{E}\big[\|u(t)-u(s)\|_{L^2}^2\big]+\mu\mathbb{E}\left[\int_s^t\|\nabla(u(\xi)-u(s))\|_{L^2}^2\right]d\xi\leqslant C_1|t-s|, \tag{8-15}$$

$$\mathbb{E}\big[\|\nabla(u(t)-u(s))\|_{L^2}^2\big]+\mu\mathbb{E}\left[\int_s^t\|A(u(\xi)-u(s))\|_{L^2}^2\right]d\xi\leqslant C_2|t-s|, \tag{8-16}$$

对于任意 $0\leqslant s,t\leqslant T$, 这里

$$C_1=\left((1+2C_T)\mathbb{E}\left[\|\nabla u\|_{L^\infty(L^2)}^2\right]+\frac{2}{\mu}\mathbb{E}\left[\|f\|_{L^\infty(H^{-1})}^2\right]\right)(1+2C_TT)e^{2C_TT},$$

$$C_2=\left((1+2C_T)\mathbb{E}\left[\|Au\|_{L^\infty(L^2)}^2\right]+\frac{2}{\mu}\mathbb{E}\left[\|f\|_{L^\infty(L^2)}^2\right]\right)(1+4C_TT)C_1,$$

并且 $A:X\cap[H^2(D)]^d\to V$ 表示 Stokes 算子.

8.3 时间半离散化

本节中分析方程 (8-12)和(8-13) 的一阶时间精度 Euler-Maruyama 格式[6], 仅在时间尺度上进行半离散化, 得出最佳阶次误差估计. 对于 (8-12)-(8-13) 的 Euler-Maruyama 方案定义为求解 Hilbert 空间离散过程 $\{(u^n, p^n) \in L^2(\Omega, X) \times L^2(\Omega, M); 0 \leqslant n \leqslant N\}$ 使得满足对所有的 $t \in [0, T]$:

$$(u^{n+1}, \Psi) + \Delta t a(u^{n+1}, \Psi) - \Delta t b(\Psi, p^{n+1}) ds$$

$$= (u^n, \Psi) + \int_{t_n}^{t_{n+1}} (f^{n+1}, v) ds \tag{8-17}$$

$$+ (B(t_n, u^n)\Delta W_{n+1}, \Psi), \quad \forall \Psi \in X, \tag{8-18}$$

$$b(u^{n+1}, \Phi) = 0, \quad \forall \Phi \in M, \tag{8-19}$$

其中 N 是正常数, $\Delta t = \dfrac{T}{N}$ 并且 $t_n = n\Delta t$, 对于 $n = 0, 1, \cdots, N$, $u^0 := u_0$, $\Delta W_{n+1} := W(t_{n+1}) - W(t_n) \sim N(0, KQ)$.

引理8.1 关于方程 (8-18) 和 (8-19) 的离散解 $(u^n, p^n) \in L^2(\Omega, X \cap [H^2(D)]^d) \times L^2(\Omega, M); 0 \leqslant n \leqslant N$ 满足

$$\max_{1 \leqslant n \leqslant N} \mathbb{E}\left[\|u^n\|_{L^2}^2 \right] + \mathbb{E}\left[\sum_{n=1}^{N} \left\| (u^n - u^{n-1}) \right\|_{L^2}^2 \right] + \mu \mathbb{E}\left[\Delta t \sum_{n=1}^{N} \|\nabla (u^n)\|_{L^2}^2 \right] \tag{8-20}$$

$$\leqslant C\mathbb{E}\left[\|u_0\|_{L^2}^2 \right] + \mathbb{E}\left[\|f\|_{L^2(0,T;H-1)}^2 \right], \tag{8-21}$$

$$\mathbb{E}\left[\Delta t \sum_{n=1}^{N} \|p^n\|_{L^2}^2 \right] \leqslant C\mathbb{E}\left[\|u_0\|_{L^2}^2 \right] + \mathbb{E}\left[\|f\|_{L^2(0,T;H-1)}^2 \right], \tag{8-22}$$

另外

$$\max_{1 \leqslant n \leqslant N} \mathbb{E}\left[\|\nabla u^n\|_{L^2}^2 \right] + \mathbb{E}\left[\sum_{n=1}^{N} \left\| \nabla \left(u^n - u^{n-1}\right) \right\|_{L^2}^2 \right] + \mu \mathbb{E}\left[\Delta t \sum_{n=1}^{N} \|A(u^n)\|_{L^2}^2 \right]$$

$$\leqslant C\mathbb{E}\left[\|u_0\|_{L^2}^2 \right] + \mathbb{E}\left[\|f\|_{L^2(0,T;L^2)}^2 \right],$$

$$\mathbb{E}\left[\Delta t \sum_{n=1}^{N} \|\nabla p^n\|_{L^2}^2 \right] \leqslant \frac{C}{k}\mathbb{E}\left[\|u_0\|_{L^2}^2 \right] + \mathbb{E}\left[\|f\|_{L^2(0,T;L^2)}^2 \right] + C\mu \mathbb{E}\left[\|u_0\|_{H^1}^2 \right],$$

这里 C 是依赖于 (Ω, f, T) 的常数.

定理 8.2 $(u(t_h), p(t_h))$ 和 (u^n, p^n) 分别是方程 (8-12)-(8-13) 和 (8-18)-(8-19) 的解, 则满足下列的误差估计[7]:

$$\max_{1\leqslant n\leqslant N}\mathbb{E}\left[\|u(t_n)-u^n\|_{L^2}^2\right]+\mu\mathbb{E}\left[\sum_{n=1}^{N}\|\nabla(u(t_n)-u^n)\|_{L^2}^2\right]\leqslant C\Delta t, \tag{8-23}$$

$$\mathbb{E}\left[\left\|\int_0^{t_m}p(s)ds-\Delta t\sum_{n=1}^{m}p^n\right\|_{L^2}\right]\leqslant C\Delta t^{\frac{1}{2}}, \tag{8-24}$$

其中 $m=1,2,\cdots,N, C_4=C(C_T,C_1,f,D,T)$ 独立于 $\Delta t, C_5=\beta^{-1}(\mu C_1+C_4)^{\frac{1}{2}}T^{\frac{1}{2}}$.

8.4 全离散的混合有限元方法

在一阶时间精度的 Euler-Maruyama 格式的基础上, 在空间上利用典型的 Taylor-Hood 元[6, 8-10] 来进行有限元离散. 首先我们给出下列在期望意义下离散的 inf-sup 条件.

引理 8.2 存在一个独立于 h 的正常数 γ 使得

$$\sup_{v_h\in\mathbb{X}_h}\frac{\mathbb{E}[b(v_h,q_h)]}{\|v_h\|_{\mathbb{X}}}\geqslant\gamma\|q_h\|_{\mathbb{M}}. \tag{8-25}$$

接下来给出全离散的混合有限元方法的格式.

求解适应 $\{\mathbb{F}_{t_n};1\leqslant n\leqslant N\}$ 过程的 $\{(u_h^n,p_h^n);1\leqslant n\leqslant N\}$ 使得

$$(u_h^{n+1},\Psi_h)+\Delta t\mu a(u_h^{n+1},\Psi_h)-\Delta t b(\Psi_h,p_h^{n+1})$$

$$=(u_h^n,\Psi_h)+\int_{t_n}^{t_{n+1}}(f(s),v_h)ds \tag{8-26}$$

$$+(B(t_n,u_h^n)\Lambda W_{n+1},\Psi_h),\quad \forall\Psi_h\subset\mathbf{X}_h, \tag{8-27}$$

$$b(u_h^{n+1},\Phi_h)=0,\quad \forall\Phi_h\in\mathbf{M}_h. \tag{8-28}$$

由鞍点定理则有以下的稳定性结果[11].

引理 8.3 令 $\{(u_h^n,p_h^n);1\leqslant n\leqslant N\}$ 是方程 (8-27) 和(8-28)的唯一解, 且满足

$$\max_{1\leqslant n\leqslant N}\mathbb{E}\left[\|u_h^n\|_{L^2}^2\right]+\mathbb{E}\left[\sum_{n=1}^{N}\|(u_h^n-u_h^{n-1})\|_{L^2}^2\right]+\mu\mathbb{E}\left[\Delta t\sum_{n=1}^{N}\|\nabla(u_h^0)\|_{L^2}^2\right] \tag{8-29}$$

$$\leqslant C\left\{\mathbb{E}\left[\|u_h^0\|_{L^2}^2\right]+\mathbb{E}\left[\|f\|_{L^2(0,T;H^{-1})}^2\right]\right\}, \tag{8-30}$$

$$\mathbb{E}\left[\Delta t\sum_{n=1}^{N}\|p_h^n\|_{L^2}^2\right]\leqslant C\left\{\mathbb{E}\left[\|u_h^0\|_{L^2}^2\right]+\mathbb{E}\left[\|f\|_{L^2(0,T;H^{-1})}^2\right]\right\}, \tag{8-31}$$

由于 (8-27)和(8-28) 等价于线性系统, 上述稳定性估计可直接推断出方程(8-27)和(8-28) 的适定性.

进一步, 我们根据 [1], 有:

定理 8.3　$(u(t_n),p(t_n))$ 和 (u_h^n,p_h^n) 是方程 (8-18), (8-19) 和 (8-27), (8-28) 的解, 则有

$$\max_{1\leqslant n\leqslant N}\left(\mathbb{E}\left[\|u(t_n)-u_h^n\|_{L^2}^2\right]\right)^{\frac{1}{2}}+\left(\mathbb{E}\left[\Delta t\sum_{n=1}^{N}\|\nabla(u(t_n)-u_h^n)\|_{L^2}^2\right]\right)^{\frac{1}{2}}$$

$$\leqslant C\left(\frac{1}{\sqrt{\Delta t}}(\Delta t+h)\right), \tag{8-32}$$

$$\mathbb{E}\left[\int_0^{t_m}p(s)ds-\Delta t\sum_{n=1}^{N}\|p_h^n\|_{L^2}^2\right]\leqslant C\left(\frac{1}{\sqrt{\Delta t}}(\Delta t+h)\right). \tag{8-33}$$

8.5 练　习

1. 对于 $W(t)^2$ 使用 Itô 公式, 证明:

$$\int_0^t W(S)dW(s)=\frac{1}{2}W(t)^2-\frac{1}{2}t.$$

2. 考虑半线性随机微分方程

$$du=[-\lambda u+f(u)]dt+G(u)dW(t),\quad u(0)=u_0\in R.$$

对于 $f\in C^2(R,R)$, $G\in C^2(R,R)$ 和 $\lambda>0$. 使用 Itô 公式, 证明:

$$u(t)=e^{-\lambda t}u_0+\int_0^t e^{-\lambda(t-s)}f(u(s))ds+\int_0^t e^{-\lambda(t-s)}G(u(s))dW(s).$$

3. 对于独立同分布布朗运动 $W(t),W_1(t),W_2(t)$, 证明:

$$\int_0^t sdW(s)+\int_0^t W(s)ds=tW(t).$$

$$\int_0^t W_1(s)dW_2(s)+\int_0^t W_2(s)dW_1(s)=W_1(t)W_2(t).$$

参考文献

[1] Feng X B, Qiu H L. Analysis of fully discrete mixed finite element methods for time-dependent stochastic stokes equations with multiplicative noise[J]. arXiv: 1905. 03289v1, 2019.

[2] Lange J A, Real J, Simon J. Existence and regularity of the pressure for the stochastic Navier-Stokes equations[J]. Appl. Math. Optim., 2003, 48: 195-210.

[3] Prato G D, Zapbczyk J. Stochastic Equations in Infinite Dimensions[M]. Cambridge: Cambridge University Press, 1992.

[4] Chow P L. Stochastic Partial Differential Equations[M]. New York: Chapman and Hall/CRC, 2007.

[5] Temam R. Navier-Stokes Equations: Theory and Numerical Analysis[M]. Providence: AMS Chelsea Publishing, 2001.

[6] Ern A, Guermond J L. Theory and Practice of Finite Elements[M]. New York: Springer, 2004.

[7] Carelli E, Prohl A. Rates of convergence for discretizations of the stochastic incompressible Navier-Stokes equations[J]. SIAM J. Numer. Anal., 2012, 50: 2467-2496.

[8] Girault V, Raviart P A. Finite Element Methods for Navier-Stokes Equations[M]. Berlin, Heidelberg, New York, Tokyo: Springer, 1986.

[9] Brezzi F, Fortin M. Mixed and Hybrid Finite Element Methods[M]. New York: Springer, 1991.

[10] Falk R. A Fortin operator for two-dimensional Taylor-Hood elements[J]. ESAIM: Math. Model. Num. Anal., 2008, 42: 411-424.

[11] Brzezniak Z, Carelli E, Prohl A. Finite element based discretizations of the incompressible Navier-Stokes equations with multiplicative random forcing[J]. IMA J. Numer. Anal., 2013, 33: 771-824.

索　引